中等职业学校工业和信息化精品系列教材

网·络·技·术

网络设备安装与调试
项目式 微课版

宋真君 编著

人民邮电出版社
北京

图书在版编目（CIP）数据

网络设备安装与调试：项目式：微课版 / 宋真君编著. -- 北京：人民邮电出版社，2023.9
中等职业学校工业和信息化精品系列教材
ISBN 978-7-115-61821-4

Ⅰ. ①网… Ⅱ. ①宋… Ⅲ. ①计算机网络－通信设备－设备安装－中等专业学校－教材②计算机网络－通信设备－调试方法－中等专业学校－教材 Ⅳ. ①TN915.05

中国国家版本馆CIP数据核字(2023)第087901号

内 容 提 要

本书介绍使用华为网络设备搭建网络实训环境。全书以实际项目为导向，共6个项目，包括认识网络设备、构建办公局域网络、局域网冗余技术、网络间路由互联、网络安全配置与管理，以及广域网接入配置。

本书是一本理实结合的教材，以实用为主，注重实践操作，以丰富的实例、大量的插图和案例进行项目化讲解及图形化描述，初学者容易上手。本书从岗位的实际需求出发展开教学内容，旨在强化读者的实操能力，让读者在训练过程中巩固所学知识。

本书既可作为中等职业学校"网络设备安装与调试"课程的教材或教学参考书，也可供从事计算机网络技术工作的读者参考。

◆ 编　　著　宋真君
　　责任编辑　郭　雯
　　责任印制　王　郁　焦志炜
◆ 人民邮电出版社出版发行　北京市丰台区成寿寺路11号
　　邮编　100164　电子邮件　315@ptpress.com.cn
　　网址　https://www.ptpress.com.cn
　　大厂回族自治县聚鑫印刷有限责任公司印刷
◆ 开本：889×1194　1/16
　　印张：13.25　　　　　　　　　2023年9月第1版
　　字数：268千字　　　　　　　　2023年9月河北第1次印刷

定价：49.80元

读者服务热线：(010)81055256　印装质量热线：(010)81055316
反盗版热线：(010)81055315
广告经营许可证：京东市监广登字 20170147 号

前 言

随着计算机网络技术的不断发展，计算机网络已经成为人们生活和工作中的重要组成部分，以网络为核心的工作方式必将成为未来发展的趋势之一，培养大批熟练掌握网络技术的人才是当前社会发展的迫切需求。在职业教育中，"网络设备安装与调试"已经成为计算机网络技术专业的一门重要基础课程。由于计算机网络技术的普遍应用，人们越来越重视网络设备安装与调试，因此越来越多的人从事与网络相关的工作，各院校计算机相关专业大都开设了"网络设备安装与调试"等相关课程。"网络设备安装与调试"是一门实践性很强的课程，需要读者具有一定的理论基础，并进行大量的实践练习，才能真正掌握。本书作为一本重要的专业基础课程教材，与时俱进，涵盖广泛的知识面与技术面，可以让读者学到较新、较前沿和较实用的技术，为以后参加工作储备知识。

本书介绍使用华为网络设备搭建网络实训环境，在介绍相关理论与技术原理的同时，提供大量的网络项目配置案例，以达到理论与实践相结合的目的。全书在内容安排上力求做到深浅适度、详略得当，从计算机网络基础知识起步，用大量的案例、插图讲解网络设备安装与调试等相关知识。本书在向读者传授网络设备安装与调试知识的同时，也为读者讲解了获取新知识的方法和途径，以便读者进行后续的学习。

本书主要特点如下。

（1）内容丰富、技术新颖，具有很强的实用性。

（2）内容组织得合理、有效。本书在逐步讲解系统功能的同时，引入相关技术与知识，实现技术讲解与训练合二为一，有助于"教、学、做一体化"教学模式的实施。

（3）理论教学与实际项目开发紧密结合。本书的训练紧紧围绕实际项目进行，为了使读者快速掌握相关技术，并按实际项目开发要求熟练运用，本书在重要知识点后面都根据实际项目设置了相关实例。

为方便读者使用本书，书中全部实例的源代码及电子教案均免费赠送给读者，读者可登录人邮教育社区（www.ryjiaoyu.com）下载。

本书由宋真君编著，并负责统稿及定稿。由于编者水平有限，书中难免存在疏漏和不足之处，恳请广大读者批评指正。读者也可加入人邮教师服务群（QQ 号：159528354），与作者进行联系。

编　者
2023 年 3 月

目 录

项目1 认识网络设备 ………………1

教学目标 ……………………………………1
素质目标 ……………………………………1

任务1.1 网络配置管理命令……………1
任务陈述 ……………………………………1
知识准备 ……………………………………1
1.1.1 常用的网络命令 ………………1
任务实施 ……………………………………5
1.1.2 eNSP软件的使用 …………5

任务1.2 认识交换机……………………7
任务陈述 ……………………………………7
知识准备 ……………………………………8
1.2.1 交换机外形结构 ………………8
1.2.2 认识交换机组件 ………………9
1.2.3 交换机管理方式 ………………10
任务实施 …………………………………14
1.2.4 网络设备命令行视图及使用方法 ……………………………14
1.2.5 网络设备基本配置命令 ……16
1.2.6 配置交换机登录方式 ………19

任务1.3 认识路由器……………………22
任务陈述 …………………………………22
知识准备 …………………………………22
1.3.1 路由器外形结构 ………………22
1.3.2 认识路由器组件 ………………23
1.3.3 路由器管理方式 ………………25
任务实施 …………………………………25
1.3.4 路由器基本配置 ………………25
1.3.5 配置路由器登录方式 ………27

项目练习题 ……………………………………29

项目2 构建办公局域网络………31

教学目标 …………………………………31
素质目标 …………………………………31

任务2.1 VLAN通信……………………31
任务陈述 …………………………………31
知识准备 …………………………………32
2.1.1 VLAN技术概述 ………………32
2.1.2 端口类型 ………………………35
任务实施 …………………………………38
2.1.3 VLAN内通信 …………………38
2.1.4 VLAN间通信 …………………48

任务2.2 链路聚合配置…………………53
任务陈述 …………………………………53
知识准备 …………………………………54
2.2.1 链路聚合概述 …………………54
2.2.2 链路聚合模式 …………………55
任务实施 …………………………………56
2.2.3 配置手动模式的链路聚合 …………………………………56
2.2.4 配置LACP模式的链路聚合 …………………………………58

项目练习题 ……………………………………60

项目3 局域网冗余技术 …………61

教学目标 …………………………………61
素质目标 …………………………………61

任务3.1 STP配置………………………61
任务陈述 …………………………………61
知识准备 …………………………………62

目 录

  3.1.1 STP概述 ················· 62
  3.1.2 二层环路带来的问题 ······· 63
  3.1.3 STP基本概念 ············· 64
 任务实施 ································· 71
任务3.2 RSTP配置 ······················· 75
 任务陈述 ································· 75
 知识准备 ································· 75
  3.2.1 RSTP概述 ··············· 75
  3.2.2 RSTP基本概念 ··········· 76
 任务实施 ································· 78
项目练习题 ································· 79

项目4 网络间路由互联 ·········· 81

 教学目标 ································· 81
 素质目标 ································· 81
任务4.1 配置静态路由及默认路由 ······· 81
 任务陈述 ································· 81
 知识准备 ································· 82
  4.1.1 路由概述 ················· 82
  4.1.2 路由选择 ················· 82
 任务实施 ································· 85
  4.1.3 配置静态路由 ············· 85
  4.1.4 配置默认路由 ············· 86
任务4.2 配置RIP动态路由 ··············· 88
 任务陈述 ································· 88
 知识准备 ································· 88
  4.2.1 RIP概述 ················· 88
  4.2.2 RIP度量方法 ············· 91
 任务实施 ································· 91
任务4.3 配置OSPF动态路由 ············· 95
 任务陈述 ································· 95

 知识准备 ································· 95
  4.3.1 OSPF路由概述 ··········· 95
  4.3.2 OSPF协议的报文类型 ····· 97
  4.3.3 DR与BDR选择 ··········· 98
  4.3.4 OSPF区域划分 ··········· 99
 任务实施 ································· 100
项目练习题 ································· 103

项目5 网络安全配置与管理 ···· 105

 教学目标 ································· 105
 素质目标 ································· 105
任务5.1 交换机端口隔离配置 ············· 105
 任务陈述 ································· 105
 知识准备 ································· 106
  5.1.1 端口隔离基本概念 ········· 106
  5.1.2 端口隔离应用场景 ········· 106
 任务实施 ································· 107
  5.1.3 二层端口隔离配置 ········· 107
  5.1.4 三层端口隔离配置 ········· 113
任务5.2 交换机端口接入安全配置 ······· 117
 任务陈述 ································· 117
 知识准备 ································· 117
  5.2.1 交换机安全端口概述 ······· 117
  5.2.2 安全端口地址绑定 ········· 118
 任务实施 ································· 119
任务5.3 配置ACL ······················· 123
 任务陈述 ································· 123
 知识准备 ································· 123
  5.3.1 ACL概述 ················· 123
  5.3.2 基本ACL ················· 126
  5.3.3 高级ACL ················· 129

任务实施……………………………134
　　　5.3.4　配置基本ACL……………134
　　　5.3.5　配置高级ACL……………137
项目练习题…………………………………140

项目6　广域网接入配置………141

　　教学目标……………………………………141
　　素质目标……………………………………141
任务6.1　广域网技术………………………141
　　任务陈述……………………………………141
　　知识准备……………………………………142
　　　6.1.1　常见的广域网接入技术……142
　　　6.1.2　广域网中的数据链路层协议……………………………………143
　　　6.1.3　PPP认证模式………………144
　　任务实施……………………………………145
　　　6.1.4　配置HDLC……………………145
　　　6.1.5　配置PAP模式…………………148
　　　6.1.6　配置CHAP模式………………151
任务6.2　NAT技术…………………………154
　　任务陈述……………………………………154

　　知识准备……………………………………154
　　　6.2.1　NAT概述………………………154
　　　6.2.2　静态NAT………………………157
　　　6.2.3　动态NAT………………………158
　　　6.2.4　PAT……………………………160
　　任务实施……………………………………162
　　　6.2.5　配置静态NAT…………………162
　　　6.2.6　配置动态NAT…………………166
　　　6.2.7　配置PAT………………………172
任务6.3　配置IPv6…………………………178
　　任务陈述……………………………………178
　　知识准备……………………………………179
　　　6.3.1　IPv6概述………………………179
　　　6.3.2　IPv6地址类型…………………180
　　　6.3.3　IPv6地址生成…………………184
　　任务实施……………………………………185
　　　6.3.4　配置RIPng……………………185
　　　6.3.5　配置OSPFv3…………………188
任务6.4　配置DHCP服务器………………192
　　任务陈述……………………………………192
　　知识准备……………………………………192
　　任务实施……………………………………193
项目练习题…………………………………201

项目 1
认识网络设备

教学目标
- 掌握常用的网络命令；
- 学会使用eNSP软件；
- 掌握网络设备基本配置命令及使用方法；
- 掌握交换机、路由器设备初始化管理配置方法。

素质目标
- 加强爱国主义教育、弘扬爱国精神与工匠精神；
- 培养自我学习的能力和习惯；
- 增强团队互助、合作进取的意识。

任务 1.1 网络配置管理命令

某公司购置的华为交换机和路由器等网络设备已经到货。小李是公司的网络工程师，他需要对网络设备进行初始化配置，实现网络设备的远程管理与维护，同时需要对网络的总体规划进行设计与实施。那么小李需要掌握关于计算机网络的哪些基本知识呢？

1.1.1 常用的网络命令

在调试网络设备的过程中，经常会使用网络命令对网络进行测试，以查看网络的运行情况。下面介绍常见的网络命令及其用法。

1. ping 命令

ping 命令是用来探测本机与网络中另一主机或节点之间是否连通的命令,如果"ping 不通",则表明这两台主机或两个节点间不能建立起连接。ping 命令是测试网络连通性的一个重要命令,如图 1.1 所示。

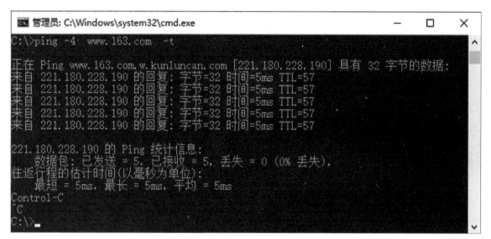

图 1.1 使用 ping 命令测试网络连通性

ping 命令的用法如下。

```
ping [-t] [-n count] [-l size] [-4] [-6] target_name
```

ping 命令各参数的功能描述如表 1.1 所示。

表 1.1 ping 命令各参数的功能描述

参数	功能描述
-t	ping 指定的主机,直到停止。若要查看统计信息并继续操作,则可按 Ctrl+PauseBreak 快捷键;若要停止,则可按 Ctrl+C 快捷键
-n count	要发送的回显请求数
-l size	发送缓冲区大小
-4	强制使用 IPv4
-6	强制使用 IPv6

2. tracert 命令

tracert(跟踪路由)命令是路由跟踪实用程序命令,用于确定 IP 数据包访问目标时采取的路径。tracert 命令使用生存时间(Time To Live,TTL)字段和互联网控制报文协议(Internet Control Message Protocol,ICMP)错误消息来确定从一台主机到网络上其他主机的路由,如图 1.2 所示。

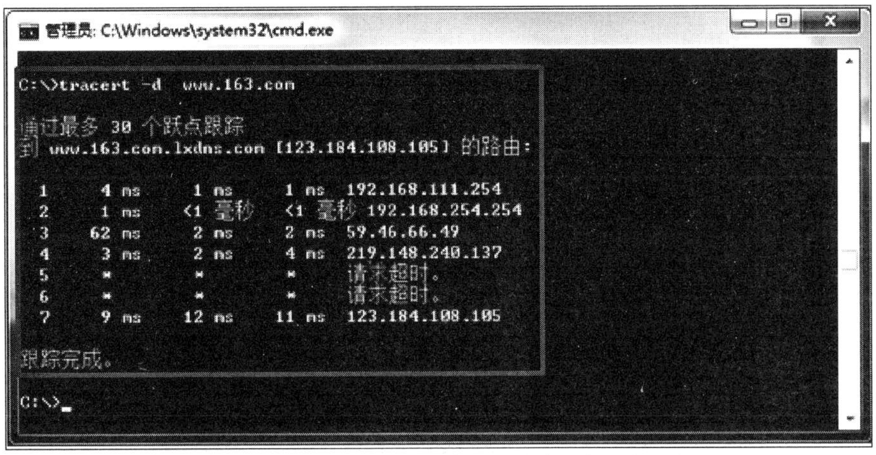

图 1.2 使用 tracert 命令进行路由跟踪测试

tracert 命令的用法如下。

```
tracert [-d] [-h maximum_hops] [-j host-list] [-w timeout]
        [-R] [-S srcaddr] [-4] [-6] target_name
```

tracert 命令各参数的功能描述如表 1.2 所示。

表 1.2　tracert 命令各参数的功能描述

参数	功能描述
-d	不将地址解析成主机名
-h maximum_hops	搜索目标的最大跃点数
-j host-list	与主机列表一起的松散源路由（仅适用于 IPv4）
-w timeout	等待每个回复的超时时间（以毫秒为单位）
-R	跟踪往返行程路径（仅适用于 IPv6）
-S srcaddr	要使用的源地址（仅适用于 IPv6）
-4	强制使用 IPv4
-6	强制使用 IPv6

3. ipconfig 命令

（1）ipconfig。当不带任何参数使用 ipconfig 命令时，将显示每个已经配置了的端口的 IP 地址、子网掩码和默认网关等。

（2）ipconfig/all。当带 all 选项使用 ipconfig 命令时，能为域名系统（Domain Name System，DNS）服务器显示它已配置且要使用的附加信息（如 IP 地址等），并且能显示内置于本地网卡中的介质访问控制（Media Access Control，MAC）地址，即通常所说的物理地址，如图 1.3 所示。如果 IP 地址是从动态主机配置协议（Dynamic Host Configuration Protocol，DHCP）服务器租用的，那么将显示 DHCP 服务器的 IP 地址和租用地址预计失效的时间。

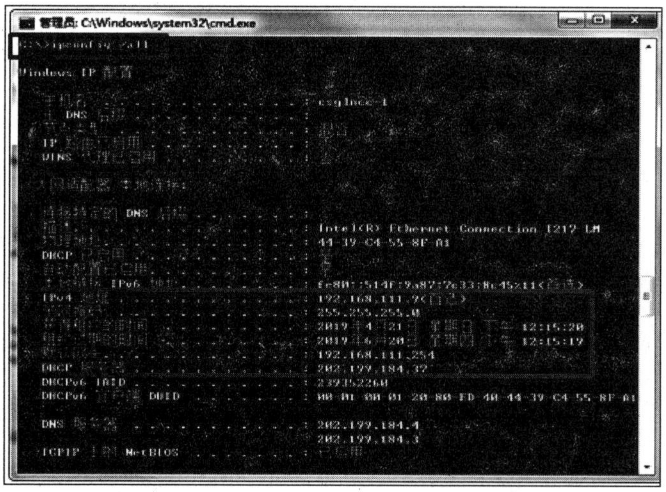

图 1.3 使用 ipconfig / all 命令获取本地网卡的所有配置信息

ipconfig 命令的用法如下。

```
ipconfig [/allcompartments] [/? | /all |
                            /renew [adapter] | /release [adapter] |
                            /renew6 [adapter] | /release6 [adapter] |
                            /flushdns | /displaydns | /registerdns |
                            /showclassid adapter |
                            /setclassid adapter [classid] |
                            /showclassid6 adapter |
                            /setclassid6 adapter [classid] ]
```

ipconfig 命令各参数的功能描述如表 1.3 所示。

表 1.3 ipconfig 命令各参数的功能描述

参数	功能描述
/?	显示帮助信息
/all	显示完整配置信息
/release	释放指定适配器的 IPv4 地址
/release6	释放指定适配器的 IPv6 地址
/renew	更新指定适配器的 IPv4 地址
/renew6	更新指定适配器的 IPv6 地址
/flushdns	清除 DNS 解析程序的缓存
/registerdns	刷新所有 DHCP 租约并重新注册 DNS 名称
/displaydns	显示 DNS 解析程序缓存的内容
/showclassid	显示适配器允许的所有 DHCP 类 ID
/setclassid	修改 DHCP 类 ID
/showclassid6	显示适配器允许的所有 IPv6 DHCP 类 ID
/setclassid6	修改 IPv6 DHCP 类 ID

1.1.2 eNSP 软件的使用

随着华为网络设备越来越多地被使用,学习华为网络路由知识的人也越来越多。eNSP 软件能很好地模拟路由交换的各种实验,因此得到了广泛应用。下面简单介绍一下 eNSP 软件的使用方法。

(1)打开 eNSP 软件,其主界面如图 1.4 所示。单击【新建拓扑】按钮,进入 eNSP 软件绘图配置界面,如图 1.5 所示。

图 1.4 eNSP 软件主界面

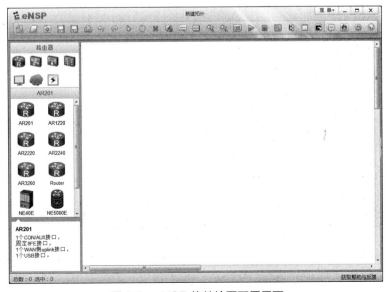

图 1.5 eNSP 软件绘图配置界面

（2）在 eNSP 软件绘图配置界面中可以选择【路由器】【交换机】【无线局域网】【防火墙】【终端】【其他设备】【设备连线】等选项，每个选项下面对应不同的设备型号，可以进行相应的选择操作。将不同的设备拖放到 eNSP 软件绘制面板中进行操作，可以为每个设备添加标签，以标示设备地址、名称等信息，如图 1.6 所示。

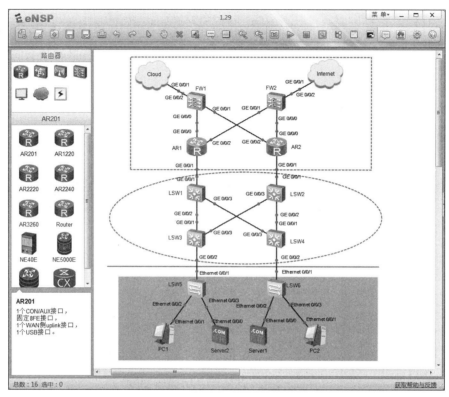

图 1.6　在 eNSP 软件中配置设备

（3）选择相应的设备（如交换机 LSW1），单击鼠标右键，可以启动设备，选择【CLI】命令，可以进入 CLI 配置管理界面进行相应的配置，如图 1.7 所示。

图 1.7　CLI 配置管理界面

（4）修改交换机的名称并保存当前配置，执行命令如下。

```
<Huawei>system-view                                          // 进入视图配置模式
Enter system view, return user view with Ctrl+Z.
[Huawei]sysname  LSW1                                        // 修改交换机的名称
[LSW1]quit                                                   // 退出当前配置模式
<LSW1>save                                                   // 保存当前配置
The current configuration will be written to the device.
Are you sure to continue?[Y/N]y                              // 输入"y"继续操作
Info: Please input the file name ( *.cfg, *.zip ) [vrpcfg.zip]:
Now saving the current configuration to the slot 0.
Save the configuration successfully.
<LSW1>
```

（5）恢复交换机出厂设置，执行命令如下。

```
<LSW1>reset  saved-configuration                             // 恢复交换机出厂设置
Warning: The action will delete the saved configuration in the device.
The configuration will be erased to reconfigure. Continue? [Y/N]:y
                                                             // 输入"y"继续操作
Warning: Now clearing the configuration in the device.
Info: Succeeded in clearing the configuration in the device.
<LSW1>reboot                                                 // 重启
Info: The system is now comparing the configuration, please wait.
Warning: All the configuration will be saved to the configuration file for the n
ext startup:, Continue?[Y/N]:n                               // 输入"n"继续操作
Info: If want to reboot with saving diagnostic information, input 'N' and then e
xecute 'reboot save diagnostic-information'.
System will reboot! Continue?[Y/N]:y                         // 输入"y"继续操作
<LSW1>
Jan  3 2023 11:46:24-08:00 Huawei %%01IFNET/4/IF_ENABLE(l)[53]:Interface Gigabit
Ethernet0/0/24 has been available.
<Huawei>
```

（6）关闭、开启当前终端显示信息，执行命令如下。

```
<Huawei>undo  terminal  monitor                              // 关闭当前终端显示信息
Info: Current terminal monitor is off.
<Huawei>terminal  monitor                                    // 开启当前终端显示信息
Info: Current terminal monitor is on.
<Huawei>system-view                                          // 进入视图配置模式
[Huawei]undo  info-center  enable                            // 关闭配置时弹出的信息
Info: Information center is disabled.
[Huawei]
```

任务 1.2　认识交换机

任务陈述

公司购置的华为交换机已经到货。小李是公司的网络工程师，他需要对交换机进行加电测试，查看交换机软件、硬件信息，同时熟悉交换机的基本命令行操作，并进行初始化配

置，以实现远程管理与维护交换机设备。

1.2.1 交换机外形结构

不同厂商、不同型号的交换机设备的外形结构不同，但它们的功能、端口类型几乎都相同，具体可参考相应厂商的产品说明书。常用的交换机有两种类型：二层交换机和三层交换机。这里主要介绍华为 S5700 系列交换机。

（1）华为 S5700 系列交换机的前面板如图 1.8 所示。

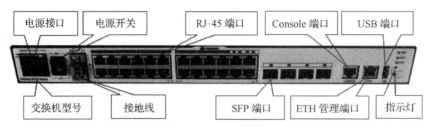

图 1.8　华为 S5700 系列交换机的前面板

（2）对应端口介绍如下。

① RJ-45 端口：24 个 10/100Base-TX 端口，可接 5 类非屏蔽双绞线（Unshielded Twisted Pair，UTP）或屏蔽双绞线（Shielded Twisted Pair，STP）。

② SFP（Small Form Pluggable，小型可拔插）端口：4 个 1000Base-X 端口。

SFP 端口的主要作用是信号转换和数据传输，这种端口符合 IEEE 802.3ab 标准（如 1000Base-T），最大传输速度为 1000Mbit/s（交换机的 SFP 端口支持 100/1000Base-T）。

SFP 端口对应的模块是 SFP 光模块，这是一种将电信号转换为光信号的端口器件，可插在交换机、路由器、媒体转换器等网络设备的 SFP 端口上，用来连接光或铜网络线缆进行数据传输，通常用在以太网交换机、路由器、防火墙和网络端口卡中。

吉比特交换机的 SFP 端口可以连接各种不同类型的光纤（如单模光纤和多模光纤）跳线和网络跳线〔如超五类（CAT5e）和六类（CAT6）双绞线〕来扩展整个网络的交换功能，不过吉比特交换机的 SFP 端口在使用前必须先插入 SFP 模块，再使用光纤跳线和网络跳线进行数据传输。

如今市面上大多数交换机至少具备两个 SFP 端口，可通过光纤跳线和网络跳线等线缆的连接构建不同建筑物、楼层或区域之间的环形或星形网络拓扑结构。

③ Console 端口：用于配置、管理交换机，一般采用反转线连接。

④ ETH（Ethernet，以太网）管理端口：用于配置、管理交换机，以及升级交换机操作系统。

⑤ USB（Universal Serial Bus，通用串行总线）端口：一个 USB 2.0 端口，用于 Mini USB 控制台端口或串行辅助端口。

（3）计算机与交换机的接线示意如图 1.9 所示。

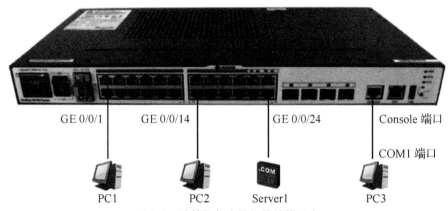

图 1.9　计算机与交换机的接线示意

1.2.2　认识交换机组件

以太网交换机和计算机一样，由硬件和软件系统组成。虽然不同厂商的交换机产品由不同硬件构成，但组成交换机的基本硬件一般包括中央处理器（Central Processing Unit，CPU）、专用集成电路芯片（Application Specific Integrated Circuit，ASIC）、随机存储器（Random Access Memory，RAM）、只读存储器（Read-Only Memory，ROM）、闪存（Flash Memory）、端口（Interface）、交换机模块等组件。下面将对部分组件进行详细介绍。

1. CPU

交换机的 CPU 主要控制和管理所有网络通信的运行，理论上可以执行任何网络操作，如执行虚拟局域网（Virtual Local Area Network，VLAN）协议、路由协议、地址解析协议（Address Resolution Protocol，ARP）解析等。但在交换机中，CPU 通常应用得没有那么频繁，因为大部分帧的交换和解封装均由一种叫作专用集成电路的专用硬件来完成。

2. 专用集成电路芯片

交换机的专用集成电路芯片是连接 CPU 和前端端口的硬件集成电路，能并行转发数据，提供高性能的、基于硬件的帧交换功能，主要对端口上接收到的数据帧提供解析、缓冲、拥塞避免、链路聚合、VLAN 标记、广播抑制等功能。

3. RAM

和计算机一样，交换机的 RAM 在交换机启动时按需要随意存取数据，在交换机断电时将丢失存储内容。RAM 主要用于存储交换机正在运行的程序。

4. 闪存

闪存是可读写的存储器，在系统重新启动或关机之后仍能保存数据，一般用来保存交换机的操作系统文件和配置文件。

5. 交换机模块

交换机模块是在原有的板卡上预留出槽位，为方便用户未来进行设备业务扩展预备的端口。常见的物理模块有吉比特端口转换器（Gigabit Interface Converter，GBIC）模块、电口模块（见图 1.10）、电转光模块等。

SFP 模块（见图 1.11）为 GBIC 模块的升级版本。SFP 模块的体积一般是 GBIC 模块的一半，在相同面板上可以比 GBIC 模块多出一倍以上的端口数量。SFP 模块的功能与 GBIC 模块相同，有些交换机厂商称 SFP 模块为小型 GBIC 模块。

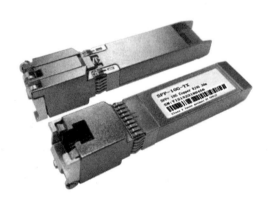

图 1.10　电口模块

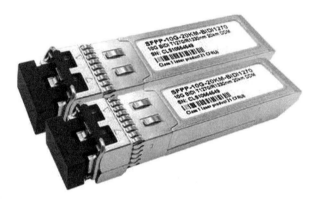

图 1.11　SFP 模块

1.2.3　交换机管理方式

通常情况下，交换机可以不经过任何配置，在加电后直接在局域网内使用，不过这种方式浪费了可管理型交换机提供的智能网络管理功能，其局域网内传输效率的优化，网络的安全性、稳定性与可靠性等也都不能实现。因此，需要对交换机进行一定的配置和管理。

交换机常用两种方式进行管理：一种是超级终端带外管理方式，另一种是 Telnet 远程或 SSH2 远程带内管理方式。

因为交换机刚出厂时没有配置任何 IP 地址，所以第一次配置交换机时只能使用 Console 端口，这种配置方式使用专用的配置线缆连接交换机的 Console 端口，不占用网络带宽，被称为带外管理方式；另一种方式会将网线与交换机端口相连，通过 IP 地址实现管理，被称为带内管理方式，如图 1.12 所示。

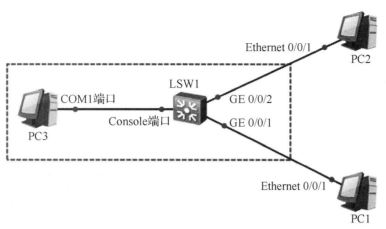

图 1.12 交换机管理方式

1. 使用带外管理方式管理交换机

带外管理方式是通过将计算机串口组件对象模型（Component Object Model，COM）端口与交换机 Console 端口相连来管理交换机的，这两种端口分别如图 1.13 和图 1.14 所示。不同类型的交换机的 Console 端口所处的位置不同，但交换机面板上的 Console 端口一般都有"CONSOLE"字样标识。利用交换机的 Console 线缆（见图 1.15）即可将交换机的 Console 端口与计算机串口 COM 端口相连，以便进行管理。现在很多笔记本电脑已经没有串口 COM 端口，有时为方便配置与管理，可以利用 USB 端口转 RS-232 端口线缆（见图 1.16）连接 Console 线缆进行配置和管理。

图 1.13 计算机串口 COM 端口

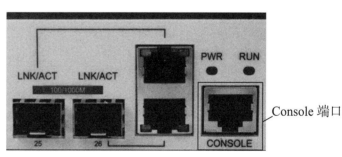

图 1.14 交换机 Console 端口

图 1.15 交换机的 Console 线缆

图 1.16 USB 端口转 RS-232 端口线缆

（1）进入超级终端程序。选择【开始】→【所有程序】→【附件】→【超级终端】命令，根据提示进行相关配置，设置如图1.17所示的COM1属性。正确设置之后进入交换机用户模式，如图1.18所示。

图1.17　设置COM1属性

图1.18　通过超级终端进入交换机用户模式

（2）进入SecureCRT终端仿真程序。SecureCRT是一款支持安全外壳（Secure Shell，SSH）协议（包括SSH1和SSH2）的终端仿真程序，打开SecureCRT终端仿真程序，其主界面如图1.19所示。单击【连接】按钮，打开【连接】对话框，如图1.20所示。单击【Properties】（属性）按钮，进行【会话】选项的设置。

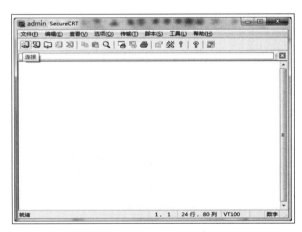

图1.19　SecureCRT主界面

图1.20　【连接】对话框

可以在【协议】选项中选择相应协议进行连接，如Serial、Telnet、SSH2等。选择串口Serial协议，在【会话选项】对话框中选择【串行】选项，进行相应设置，如图1.21所示。正确设置后便可以进入交换机用户模式，如图1.22所示。

2. 使用带内管理方式管理交换机

带内管理方式通过网线远程连接交换机，再通过Telnet、SSH等远程方式管理交换机。在通过Console端口对交换机进行初始化配置（如配置交换机管理IP地址、用户、密码等）、开启 Telnet 服务后，就可以通过网络以 Telnet 远程方式登录。

图 1.21 设置【串行】选项

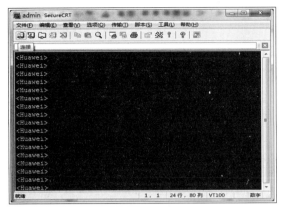

图 1.22 通过 SecureCRT 进入交换机用户模式

Telnet 协议是一种远程访问协议，Windows 7 和 Windows 10 操作系统自带 Telnet 连接功能，但需要用户自行开启：打开计算机控制面板，选择【程序】选项，选择【打开或关闭 Windows 功能】选项，在打开的对话框中勾选【Telnet 客户端】复选框，如图 1.23 所示。按 Win+R 快捷键，打开【运行】对话框，输入"cmd"命令，如图 1.24 所示，单击【确定】按钮，打开命令提示符窗口。

图 1.23 勾选【Telnet 客户端】复选框

图 1.24 【运行】对话框

输入"telnet +IP 地址"命令，如图 1.25 所示。在系统确认用户、密码和登录权限后，即通过 Telnet 登录交换机后，就可以利用命令提示符窗口配置、管理交换机，如图 1.26 所示。

图 1.25 输入"telnet+IP 地址"命令

图 1.26 通过 Telnet 登录交换机

1.2.4 网络设备命令行视图及使用方法

1. 命令行视图

随着越来越多的终端设备接入网络中，网络设备的负担也越来越重。华为公司为提高网络的运行效率，开发了基于通用路由平台（Versatile Routing Platform，VRP）的数据通信产品——通用操作系统平台。它以 IP 业务为核心，采用组件化的体系结构，在实现丰富的功能特性的同时，还提供了基于应用的可裁剪和可扩展的功能，使得交换机和路由器的运行效率大大提高。熟练掌握 VRP 进行配置和操作是网络工程师的一项必备技能。

交换机的配置管理分成若干种模式，根据不同配置管理功能，VRP 分层的命令结构定义了多种命令行视图。每条命令只能在特定视图下执行，每条命令都注册在一个或多个命令行视图下，用户只有先进入某个命令所在的视图，才能执行相应的命令。进入 VRP 系统的配置界面后，最先出现的视图是用户视图，在该视图下，用户可以查看设备的运行状态和统计信息。若要修改系统参数，用户必须进入系统视图，相关实例代码如下。

```
<Huawei>system-view          //用户视图
Enter system view, return user view with Ctrl+Z.
[Huawei]                     //系统视图
```

用户还可以通过系统视图进入其他功能配置视图，如端口视图和协议视图，如图 1.27 所示。通过提示符可以判断当前所处的视图，如"< >"表示用户视图，"[ ]"表示除用户视图以外的其他视图。

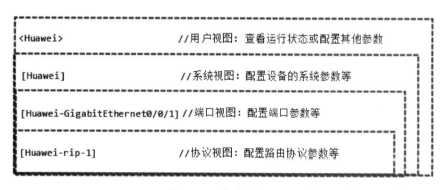

图 1.27 命令行视图

2. 命令行功能

为了简化操作，系统提供了快捷键，使用户能够快速执行操作。例如，按 Ctrl+Z 快捷键可以返回用户视图，相关实例代码如下。

```
<Huawei>system-view
Enter system view, return user view with Ctrl+Z.
[Huawei]interface GigabitEthernet 0/0/6
[Huawei-GigabitEthernet0/0/6]^ z      // 按 Ctrl+Z 快捷键返回用户视图
<Huawei>
```

快捷键及其功能如表 1.4 所示。

表 1.4 快捷键及其功能

快捷键	功能
Ctrl+A	将光标移动到当前命令行的最前面
Ctrl+B	将光标向左移动一个字符
Ctrl+C	停止当前命令的执行
Ctrl+D	删除当前光标所在位置右侧的一个字符
Ctrl+E	将光标移动到当前行的末尾
Ctrl+F	将光标向右移动一个字符
Ctrl+H	删除光标左侧的一个字符
Ctrl+N	显示历史命令缓冲区中的后一条命令
Ctrl+P	显示历史命令缓冲区中的前一条命令
Ctrl+W	删除光标左侧的一个字符串
Ctrl+X	删除光标左侧的所有字符
Ctrl+Y	删除光标所在位置及其右侧的所有字符
Esc+B	将光标向左移动一个字符串
Esc+D	删除光标右侧的一个字符串
Esc+F	将光标向右移动一个字符串
Backspace	删除光标左侧的一个字符
Tab	输入一个不完整的命令并按 Tab 键，就可以补全该命令

还有一些快捷键也可以用来执行类似的操作。例如，与 Ctrl+H 快捷键的功能一样，按退格键（Backspace）也可以删除光标左侧的一个字符；向左的方向键（←）与向右的方向键（→）可以分别用来实现与 Ctrl+B 和 Ctrl+F 快捷键相同的功能；向下的方向键（↓）可以用来实现与 Ctrl+N 快捷键相同的功能；向上的方向键（↑）可以用来实现与 Ctrl+P 快捷键相同的功能。

此外，若命令的前几个字母是独一无二的，则系统可以在输完相应命令的前几个字母后自动将命令补充完整。例如，用户只需输入"int"并按 Tab 键，系统就会自动将命令补充为"interface"，相关实例代码如下。

```
<Huawei>sys
Enter system view, return user view with Ctrl+Z.
[Huawei]int          // 按 Tab 键补全命令
[Huawei]interface
```

若命令并非独一无二的，则输入命令的前几个字母并按 Tab 键后将显示所有可能的命令。例如，在系统视图下输入"cl"并按 Tab 键，系统会按顺序显示"cluster""clear"等命令。

3. 命令行在线帮助

VRP 提供两种在线帮助功能，分别是部分帮助和完全帮助。

部分帮助指的是当用户输入命令时，如果只记得此命令的开头一个或几个字符，则可以使用命令行的部分帮助功能获取以该字符或字符串开头的所有关键字的提示。例如，在用户视图下输入"c?"，相关实例代码如下。

```
<Huawei>c?
   cd                                check
   clear                             clock
   cluster                           cluster-ftp
   compare                           configuration
   copy
<Huawei>c
```

完全帮助指的是在任一命令行视图下，用户可以通过输入"?"来获取该命令行视图下所有的命令及其简单描述，即输入一条命令的部分关键字，后接以空格分隔的"?"，如果该位置为关键字，则将列出全部关键字及其描述。例如，在用户视图下输入"copy ?"，相关实例代码如下。

```
<Huawei>copy ?
   STRING<1-64>    [drive][path][file name]
   flash:          Device name
<Huawei>copy
```

1.2.5 网络设备基本配置命令

1. 配置设备名称

因为网络环境中设备众多，所以为了方便网络管理员进行管理，需要对这些设备进行统一配置。可以使用 sysname 命令修改设备名称，设备名称一旦被设置，就会立刻生效，相关实例代码如下。

```
<Huawei>system-view    // 进入系统视图
Enter system view, return user view with Ctrl+Z.
[Huawei]sysname SWA    // 修改交换机的名称为 SWA
[SWA]
```

交换机名称长度不能超过 255 个字符。在系统视图下，使用 undo 命令可将交换机名称恢复为默认值，相关实例代码如下。

```
[SW1]undo sysname            // 恢复交换机默认名称
[Huawei]                     // 交换机默认名称为"Huawei"
```

2. 配置返回命令行

使用 quit 命令可返回到上一级视图，使用 return 命令可返回到用户视图，相关实例代码如下。

```
<Huawei>system-view
Enter system view, return user view with Ctrl+Z.
[Huawei]interface GigabitEthernet 0/0/10
[Huawei-GigabitEthernet0/0/10]quit           // 返回到上一级视图
[Huawei]
[Huawei]interface GigabitEthernet 0/0/10
[Huawei-GigabitEthernet0/0/10]return         // 返回到用户视图
<Huawei>
```

3. 配置用户登录权限及用户级别

为了增强设备的安全性，系统对命令进行分级管理，不同的用户拥有不同的权限，仅可使用对应级别的命令。默认情况下命令级别分为 0 ～ 3 级，用户级别分为 0 ～ 15 级。0 级为访问级别，该级别用户可使用网络诊断工具命令（如 ping、tracert 命令）、从本设备出发访问外部设备的命令（如 Telnet 客户端命令）、部分 display 命令等。用户 1 级为监控级别，对应 0 级和 1 级命令，包括用于系统维护的命令及 display 命令等。用户 2 级是配置级别，对应的命令包括向用户提供直接网络服务、路由、各个网络层次的命令。用户 3 ～ 15 级是管理级别，对应 3 级命令，3 级命令主要是用于系统运行的命令，对业务提供支撑，包括文件系统操作、文件传送协议（File Transfer Protocol，FTP）和简易文件传送协议（Trivial File Transfer Protocol，TFTP）下载、文件交换配置、电源供应控制、备份板控制、用户管理、命令级别设置、系统内部参数设置命令，以及用于业务故障诊断的 debugging 命令等。

虚拟型终端（Virtual Type Terminal，VTY）是一种虚拟线路端口，用户通过终端与设备建立 Telnet 或 SSH 连接后，也就建立了一个 VTY，即用户可以通过 VTY 方式登录设备。不同类型的设备支持同时登录的用户数量不同，大多数最多为 15 个。通过 VTY 方式登录设备后，使用 user-interface maximum-vty+number 命令可以配置同时登录到设备的 VTY 类型用户的最多个数，相关实例代码如下。

```
<Huawei>system-view
Enter system view, return user view with Ctrl+Z.
[Huawei]user-interface vty 0 4
[Huawei-ui-vty0-4]quit
[Huawei]
[Huawei]user-interface maximum-vty ?
    INTEGER<0-15>   The maximum number of VTY users, the default value is 5
[Huawei]user-interface maximum-vty 2    // 配置同时在线人数最多为两人，默认值为5
```

如果将最大登录用户数设为 0，则任何用户都不能通过 Telnet 或者 SSH 登录到路由器。可以使用 display user-interface 命令来查看用户界面信息。

从设备安全的角度考虑，限制用户的访问和操作权限是很有必要的。规定用户权限和进行用户认证是提升终端安全性的两种方式。用户权限要求规定用户的级别，只有特定级别的用户才能执行特定级别的命令。配置用户界面的用户认证方式后，用户登录设备时，需要输入密码进行认证，这样就限制了用户访问设备的权限。在通过 VTY 进行 Telnet 连接时，所有接入设备的用户都必须经过认证，相关实例代码如下。

```
<Huawei>system-view
Enter system view, return user view with Ctrl+Z.
[Huawei]user-interface vty 0 4
[Huawei-ui-vty0-4]user privilege level ?
    INTEGER<0-15>   Set a priority                           // 本地用户级别为 0～15
[Huawei-ui-vty0-4]user privilege level 3                     // 配置本地用户级别
[Huawei-ui-vty0-4]set authentication password ?              // 配置本地认证密码
    cipher   Set the password with cipher text               // 密文密码
    simple   Set the password in plain text                  // 明文密码
[Huawei-ui-vty0-4]set authentication password cipher ?
    STRING<1-16>/<24>   Plain text/cipher text password
[Huawei-ui-vty0-4]set authentication password cipher lncc123 // 配置密文密码：lncc123
[Huawei-ui-vty0-4]quit
[Huawei]
```

该设备提供 3 种认证方式：AAA 认证方式、密码认证方式和不认证方式。其中，AAA 认证方式具有很高的安全性，因为用户登录时必须输入用户名和密码；密码认证方式只需要用户输入登录密码，而所有用户使用的都是同一个密码；不认证方式就是不需要对用户进行认证，用户可直接登录到设备。需要注意的是，Console 界面默认使用不认证方式。对于通过 Telnet 登录的用户，授权是非常有必要的，最好设置用户名、密码和与指定账号相关联的权限。

用户可以设置 Console 界面和 VTY 界面的属性，以提高系统的安全性。如果一个连接上设备的用户一直处于空闲状态而不断开，则可能会给系统带来很大风险，所以在等待一段空闲时间后，系统会自动中断与其的连接。这段空闲时间又称超时时间，默认为 10min。设置 VTY 界面属性的相关实例代码如下。

```
<Huawei>system-view
Enter system view, return user view with Ctrl+Z.
[Huawei]user-interface vty 0 4
[Huawei-ui-vty0-4]idle-timeout ?
    INTEGER<0-35791>  Set the number of minutes before a terminal user times
                      out(default: 10minutes)              // 空闲时间为 0～35791min
[Huawei-ui-vty0-4]idle-timeout 3 ?
    INTEGER<0-59>   Set the number of seconds before a terminal user times
                    out(default: 0s)                        // 空闲时间为 0～59s
    <cr>
[Huawei-ui-vty0-4]idle-timeout 3 30                         // 在 3min 30s 中断连接，默认为 10min
[Huawei-ui-vty0-4]screen-length 20                          // 一页输出 20 行
[Huawei-ui-vty0-4]history-command max-size 20               // 历史命令缓存了 20 条记录
```

当使用display命令输出的信息超过一页时，系统会对输出内容进行分页，按空格键可切换到下一页。如果一页输出的信息过少或过多，则用户可以使用screen-length+number命令修改信息输出时一页的行数，默认行数为24，最多支持512行。不建议将行数设置为0，因为那样将不会显示任何输出内容。每条命令执行过后，记录都保存在历史命令缓存区中。用户可以利用↑、↓、Ctrl+P、Ctrl+N等快捷键调用这些命令。历史命令缓存区中默认能存储10条命令，可以使用history-command max-size+number命令改变可存储的命令数，最多可存储256条命令。

1.2.6 配置交换机登录方式

1. AAA认证方式

（1）配置交换机以AAA认证方式登录，进行网络拓扑连接，如图1.28所示。

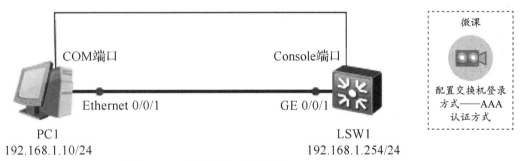

图1.28 配置交换机登录方式

（2）配置交换机LSW1，相关实例代码如下。

```
<Huawei>system-view                                    // 进入系统视图
Enter system view, return user view with Ctrl+Z.
[Huawei]sysname  LSW1                                  // 更改交换机名称
[LSW1]telnet server enable                             // 开启Telnet服务
[LSW1]user-interface  vty  0  4                        // 允许同时在线管理人员为5人
[LSW1-ui-vty0-4]authentication-mode ?                  // 配置认证方式
  aaa        AAA authentication                        //AAA认证方式
  none       Login without checking                    // 无认证方式
  password   Authentication through the password of a user terminal interface
                                                       // 密码认证方式
[LSW1-ui-vty0-4]authentication-mode aaa                // 配置为AAA认证方式
[LSW1-ui-vty0-4]quit                                   // 返回到上一级视图
[LSW1]aaa                                              // 开启AAA认证方式
[LSW1-aaa]local-user user01 password cipher lncc123
                                                       // 用户名为user01，密文密码为lncc123
[LSW1-aaa]local-user user01 service-type ?             // 配置服务类型
    8021x       802.1x user
    bind        Bind authentication user
    ftp         FTP user
    http        Http user
    ppp         PPP user
    ssh         SSH user
    telnet      Telnet user
    terminal    Terminal user
```

```
    web             Web authentication user
   x25-pad     X25-pad user
[LSW1-aaa]local-user user01 service-type telnet ssh web   //开启服务类型：Telnet、SSH Web
[LSW1-aaa]local-user user01 privilege level 3              //配置用户管理等级为3级
[LSW1-aaa]quit                                              //返回到上一级视图
[LSW1]interface Vlanif 1                                    //配置VLANIF 1 虚拟端口
[LSW1-Vlanif1]ip address 192.168.1.254 24                  //配置VLANIF 1 虚拟端口的IP地址
[LSW1-Vlanif1]quit                                          //返回到上一级视图
[LSW1]
```

（3）显示交换机 LSW1 的配置信息，相关实例代码如下。

```
<LSW1>display current-configuration
#
sysname LSW1
#
aaa
   authentication-scheme default
   authorization-scheme default
   accounting-scheme default
   domain default
   domain default_admin
   local-user admin password simple admin
   local-user admin service-type http
   local-user user01 password cipher X)-@C4Ca/.)NZPO3JBXBHA!!   //密文密码
   local-user user01 privilege level 3
   local-user user01 service-type telnet ssh web
#
interface Vlanif1
   ip address 192.168.1.254 255.255.255.0
#
user-interface con 0
user-interface vty 0 4
   authentication-mode aaa
#
return
<LSW1>
```

（4）配置主机 PC1 的 IP 地址，如图 1.29 所示。

（5）在 AAA 认证方式下，测试 Telnet 连接交换机 LSW1 的结果，用户名为 user01，密码为 lncc123，交换机 VLANIF 1 虚拟端口的 IP 地址为 192.168.1.254，如图 1.30 所示。

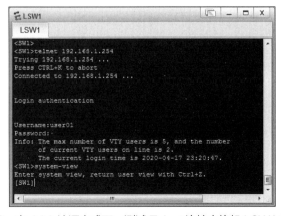

图 1.29　配置主机 PC1 的 IP 地址　　图 1.30　在 AAA 认证方式下，测试 Telnet 连接交换机 LSW1 的结果

（6）主机 PC1 访问交换机 LSW1，使用 ping 命令进行测试，如图 1.31 所示。

图 1.31　主机 PC1 访问交换机 LSW1，使用 ping 命令进行测试

2. 密码认证方式

（1）配置交换机以密码认证方式登录，进行网络拓扑连接，如图 1.28 所示。

（2）配置交换机 LSW1，相关实例代码如下。

微课

配置交换机登录方式——密码认证方式

```
<Huawei>system-view                                    // 进入系统视图
Enter system view, return user view with Ctrl+Z.
[Huawei]sysname LSW1                                   // 更改交换机名称
[LSW1]telnet server enable                             // 开启 Telnet 服务
[LSW1]user-interface vty 0 4                           // 允许同时在线管理人员为 5 人
[LSW1-ui-vty0-4]set authentication password ?          // 配置密码认证方式
   cipher  Set the password with cipher text           // 密文方式，加密
   simple  Set the password in plain text              // 明文方式，不加密
[LSW1-ui-vty0-4]set authentication password cipher lncc123    // 配置密文密码为 lncc123
[LSW1-ui-vty0-4]user privilege level 3                 // 配置用户管理等级为 3 级
[LSW1-ui-vty0-4]quit                                   // 返回到上一级视图
[LSW1]interface Vlanif 1                               // 配置 VLANIF 1 虚拟端口
[LSW1-Vlanif1]ip address 192.168.1.254 24              // 配置 VLANIF 1 虚拟端口的 IP 地址
[LSW1-Vlanif1]quit                                     // 返回到上一级视图
[LSW1]
```

（3）显示交换机 LSW1 的配置信息，相关实例代码如下。

```
<LSW1>display current-configuration
#
sysname LSW1
#
interface Vlanif1
   ip address 192.168.1.254 255.255.255.0
#
user-interface con 0
user-interface vty 0 4
   user privilege level 3
   set authentication password cipher -oH4A}bg:5sPddVIN=17-fZ#    // 为密文密码
#
return
<LSW1>
```

（4）配置主机 PC1 的 IP 地址，如图 1.29 所示。

（5）在密码认证方式下，测试 Telnet 连接交换机 LSW1 的结果，密码为 lncc123，交换机 VLANIF 1 虚拟端口的 IP 地址为 192.168.1.254，如图 1.32 所示。

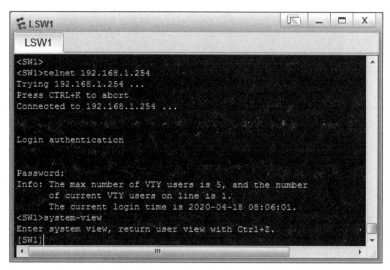

图 1.32　在密码认证方式下，测试 Telnet 连接交换机 LSW1 的结果

（6）主机 PC1 访问交换机 LSW1，使用 ping 命令进行测试，如图 1.31 所示。

任务 1.3　认识路由器

公司购置的华为路由器已经到货，小李是公司的网络工程师，他需要对路由器进行加电测试，查看路由器软件、硬件信息，同时熟悉路由器的基本命令行操作，并对路由器进行初始化配置，以实现远程管理与维护路由器设备。

1.3.1　路由器外形结构

路由器（Router）是连接两个或多个网络的硬件设备，在网络间起网关的作用，它是互联网的主要节点设备。路由器通过路由决定数据的转发路径，其最主要的功能可以理解为实现信息的转送，这个过程称为寻址过程。虽然路由器处在不同网络之间，但并不一定是信息的最终接收地址，所以路由器中通常存在一张路由表，路由器根据路由表中的传送网络中传送信息的最终地址，寻找下一转发地址应该是哪个网络；将最终地址在路由表中进行匹配，

通过算法确定下一转发地址，这个地址可能是中间地址，也可能是最终的目的地址。

不同厂商、不同型号的路由器设备的外形结构不同，但它们的功能、端口类型都差不多，具体可参考相应厂商的产品说明书。这里主要介绍华为 AR2240 系列路由器。

（1）华为 AR2240 系列路由器的前面板与后面板如图 1.33 所示。

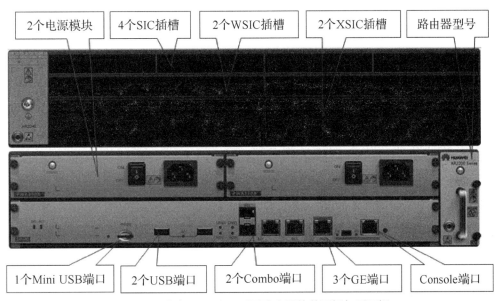

图 1.33　华为 AR2240 系列路由器的前面板与后面板

（2）对应端口介绍如下。

① GE 端口：3 个 GE 端口，即吉比特 RJ-45 端口，用于连接以太网。

② Combo 端口：2 个吉比特 Combo 端口（10/100/1000Base-T 或 100/1000Base-X），光电复用。

③ Console 端口：1 个 Console 端口用于配置、管理交换机，一般采用反转线连接。

④ USB 端口：2 个 USB 2.0 端口，分别用于 Mini USB 控制台端口和串行辅助 / 控制台端口。

⑤ Mini USB 端口：1 个 Mini USB 控制台端口，用于控制台 USB 端口。

1.3.2　认识路由器组件

路由器和计算机一样，由硬件和软件系统组成。虽然不同厂商的路由器由不同硬件构成，但是组成路由器的基本硬件一般都包括 CPU、RAM、ROM、闪存、路由器板卡模块等组件。

1. CPU

路由器的 CPU 主要控制和管理所有网络通信的运行，理论上可以执行任何网络操作，如路由协议等。

2. RAM

和计算机一样，路由器的 RAM 主要用于存储路由器正在运行的程序，在路由器启动时按需要随意存取数据，在断电时将丢失存储内容。

3. 闪存

路由器的闪存是可读写的存储器，在系统重新启动或关机之后仍能保存数据，一般用来保存路由器的操作系统文件和配置文件。

4. 路由器板卡模块

路由器的三层转发主要依靠 CPU 进行，都集成在路由器的主控板上。主控板是系统控制和管理核心，提供整个系统的控制平面、管理平面和业务交换平面。业内的很多厂商制造的高端路由器都提供多种主控板以便用户选择。

主控板最关注的是包转发性能和固有的广域网（Wide Area Network，WAN）口。包转发性能是整个设备数据报文内外转发能力的体现，主控板性能越好，设备越能适应未来的大带宽发展。WAN 口决定了出口的带宽，主控板自身固定的 WAN 口越多，连接的广域网络也越多，用户后续对 WAN 单板的投资就越少。目前华为 AR G3 系列路由器主控板可支持 2Mbit/s～40Mbit/s 的传输速率，具有良好的转发性能，具备很高的性价比。

目前市面上的接入路由器的板卡在插槽之间很难做到通用（如将两个小的槽位合并为一个大槽位，用于插一个大卡），而且很多路由器的部分插槽是专卡专用的，能够完全实现槽位合并、板卡通用的路由器只有华为的 AR G3 系列。

接入路由器不仅支持传统的 E1、SA 等广域网板卡，伴随着设备集成度的提高和"ALL-in-One 理念"的产生，二层交换板卡、电源模块板卡、数据加密板卡等陆续出现，如图 1.34～图 1.36 所示。即使是同一类型的板卡，厂商也会定制多种不同的接入密度，不同接入密度的板卡的价格不同，购买者可以根据自己的需要和资金情况进行选择。为了实现 E1 板卡的功能，华为 AR G3 系列路由器提供了 1 个、2 个、4 个、8 个端口的 E1 板卡，如图 1.37 所示。

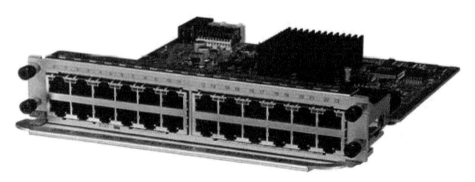

图 1.34　二层交换板卡

图 1.35 电源模块板卡

图 1.36 数据加密板卡

图 1.37 不同端口数的 E1 板卡

1.3.3 路由器管理方式

和交换机一样,路由器常用以下两种方式管理。

1. 使用带外管理方式管理路由器

带外管理方式通过将计算机串口 COM 端口与路由器 Console 端口相连来管理路由器。

2. 使用带内管理方式管理路由器

带内管理方式通过网线远程连接路由器,再通过 Telnet、SSH 等远程方式管理路由器。在通过 Console 端口对路由器进行初始化配置(如配置路由器管理 IP 地址、用户、密码等)、开启 Telnet 服务后,就可以通过网络以 Telnet 远程方式登录路由器。其管理方式与交换机的类似,这里不赘述。

任务实施

1.3.4 路由器基本配置

(1)配置路由器的 IP 地址,进行网络拓扑连接,如图 1.38 所示。

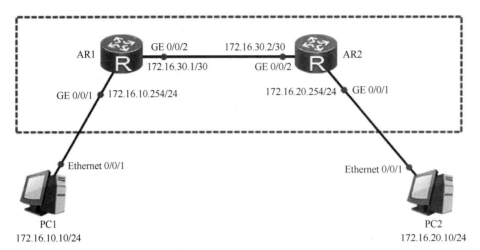

图 1.38 路由器基本配置

（2）配置路由器 AR1 的 IP 地址，相关实例代码如下。

```
<Huawei>system-view
Enter system view, return user view with Ctrl+Z.
[Huawei]sysname AR1                    // 更改路由器名称
[AR1]interface GigabitEthernet 0/0/1
[AR1-GigabitEthernet0/0/1]ip address 172.16.10.254 24    // 配置端口 IP 地址
[AR1-GigabitEthernet0/0/1]quit
[AR1]interface GigabitEthernet 0/0/2
[AR1-GigabitEthernet0/0/2]ip address 172.16.30.1 30       // 配置端口 IP 地址
[AR1-GigabitEthernet0/0/2]quit
[AR1]
```

（3）配置路由器 AR2 的 IP 地址，相关实例代码如下。

```
<Huawei>system-view
Enter system view, return user view with Ctrl+Z.
[Huawei]sysname AR2                    // 更改路由器名称
[AR2]interface GigabitEthernet 0/0/1
[AR2-GigabitEthernet0/0/1]ip address 172.16.20.254 24    // 配置端口 IP 地址
[AR2-GigabitEthernet0/0/1]quit
[AR2]interface GigabitEthernet 0/0/2
[AR2-GigabitEthernet0/0/2]ip address 172.16.30.2 30       // 配置端口 IP 地址
[AR2-GigabitEthernet0/0/2]quit
[AR2]
```

（4）显示路由器 AR1、AR2 的配置信息，这里以 AR1 为例进行介绍，相关实例代码如下。

```
[AR1]display current-configuration
#
sysname AR1
#
interface GigabitEthernet0/0/1
   ip address 172.16.10.254 255.255.255.0
#
interface GigabitEthernet0/0/2
   ip address 172.16.30.1 255.255.255.252
#
return
[AR1]
```

（5）配置主机 PC1 和主机 PC2 的 IP 地址等，如图 1.39 所示。

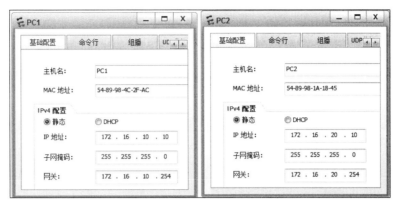

图 1.39　配置主机 PC1 和主机 PC2 的 IP 地址等

（6）对主机 PC1 进行相关测试，使用 ping 命令访问路由器 AR1，如图 1.40 所示。

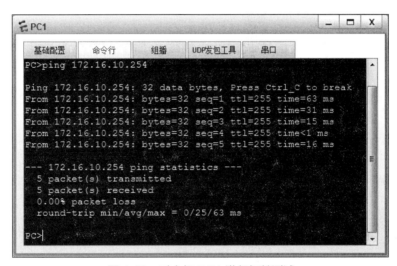

图 1.40　对主机 PC1 进行相关测试

1.3.5　配置路由器登录方式

1. AAA 认证方式

（1）配置路由器以 AAA 认证方式登录，进行网络拓扑连接，如图 1.41 所示。

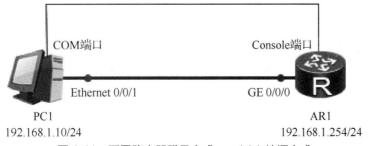

图 1.41　配置路由器登录方式——AAA 认证方式

（2）配置路由器 AR1，相关实例代码如下。

```
<Huawei>system-view
[Huawei]sysname AR1
[AR1]telnet server enable                              // 开启 Telnet 服务
[AR1]user-interface vty 0 4                            // 允许同时在线管理人员为 5 人
[AR1-ui-vty0-4]authentication-mode  aaa                // 配置为 AAA 认证方式
[AR1-ui-vty0-4]quit
[AR1]aaa
[AR1-aaa]local-user user01 password cipher lncc123
// 设置 AAA 认证，用户名为 user01，密码为 lncc123，加密方式为密文
// 如果加密方式为明文，则需将其设置为 simple
[AR1-aaa]local-user user01 service-type telnet ssh web  // 设置用户服务类型
[AR1-aaa]local-user user01 privilege level 3            // 设置用户管理等级为 3 级
[AR1-aaa]quit
[AR1]interface GigabitEthernet 0/0/0
[AR1-GigabitEthernet0/0/0]ip address 192.168.1.254 24
[AR1-GigabitEthernet0/0/0]quit
[AR1]
```

（3）显示路由器 AR1 的配置信息，相关实例代码如下。

```
<AR1>display current-configuration
#
sysname AR1
#
aaa
   authentication-scheme default
   authorization-scheme default
domain default_admin
local-user admin password cipher %$%$K8m.Nt84DZ}e#<0`8bmE3Uw}%$%$
   local-user admin service-type http
   local-user user01 password cipher %$%$qVXD(>&NF6^34$79m:x)QH,4%$%$
   local-user user01 privilege level 3
   local-user user01 service-type telnet ssh web    // 开启服务类型
#
interface GigabitEthernet0/0/0
   ip address 192.168.1.254 255.255.255.0
#
user-interface con 0
   authentication-mode password
user-interface vty 0 4
   authentication-mode aaa
#
return
<AR1>
```

（4）查看路由器 AR1 的配置信息，使用"telnet 192.168.1.254"命令远程登录路由器，输入用户名和密码，可以访问并管理路由器 AR1，结果如图 1.42 所示。

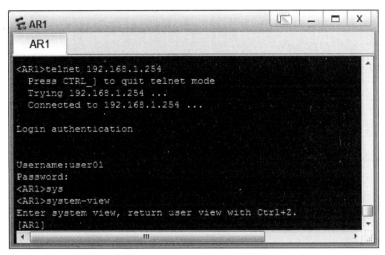

图 1.42 在 AAA 认证方式下，测试 Telnet 连接路由器 AR1 的结果

2. 密码认证方式

路由器密码认证方式与交换机密码认证方式的配置类似，这里不赘述。

项目练习题

1. 选择题

（1）跟踪网络路由路径使用的命令是（　　）。

A. ipconfig　　　　　　B. tracert　　　　　　C. ping　　　　　　D. netstat

（2）下列（　　）方式属于带外管理方式管理交换机。

A. Telnet　　　　　　B. SSH　　　　　　C. Web　　　　　　D. Console

（3）（　　）快捷键的功能是显示历史命令缓冲区中的前一条命令。

A. Ctrl+N　　　　　　B. Ctrl+P　　　　　　C. Ctrl+W　　　　　　D. Ctrl+X

（4）VRP 结构定义了很多命令行视图，"<>"代表（　　）。

A. 用户视图　　　　　　　　　　　　B. 系统视图

C. 端口视图　　　　　　　　　　　　D. 协议视图

（5）对设备进行文件配置管理时，使用（　　）命令可以让设备下次启动时采用默认的配置参数进行初始化。

A. save　　　　　　　　　　　　B. reset saved-configuration

C. reboot　　　　　　　　　　　　D. reset

2. 简答题

（1）常用的网络命令有哪些？

（2）简述交换机的基本组件。

（3）简述路由器的基本组件。

（4）交换机、路由器的管理方式有哪几种？它们各自有哪些优缺点？

项目2
构建办公局域网络

教学目标

- 了解VLAN技术、VLAN的优点、VLAN数据帧格式及端口类型；
- 掌握VLAN内通信、VLAN间通信的配置方法；
- 掌握链路聚合的配置方法。

素质目标

- 培养工匠精神，包括做事严谨、精益求精、着眼细节、爱岗敬业等；
- 增强团队互助、进取合作的意识；
- 培养系统分析与解决问题的能力。

任务 2.1　VLAN 通信

　　小李是公司的网络工程师。他需要对公司的办公网络进行组网，将几个不同部门的计算机连接起来，构成一个小型的办公局域网络；同一部门的网络在同一个区域内，不同部门之间不能相互访问网络；同时，要求公司所有部门的员工都可以访问公司的 Web 服务器，查看公司的相关信息。对网络进行适当的配置，可以控制广播域的范围，减少不必要的访问流量，提高设备的利用率及增强网络的安全性。小李该如何配置公司的网络设备呢？

知识准备

2.1.1 VLAN 技术概述

在传统的共享介质的以太网和交换式的以太网中，所有的用户都在同一个广播域中，这严重制约了网络技术的发展。随着网络的发展，越来越多的用户需要接入网络，交换机提供的大量接入端口已经不能很好地满足这种需求。网络技术的发展不仅面临冲突域和广播域太大两大难题，还无法保障传输信息的安全，会造成网络性能下降、浪费带宽，同时对广播风暴的控制和网络安全只能在第三层的路由器上实现。因此，人们设想在物理局域网上构建多个逻辑局域网。

VLAN 是指在一个物理网络上划分的逻辑网络，用于在逻辑上将一个广播域划分成多个广播域的技术，用户可按照功能、部门及应用等因素划分逻辑工作组，形成不同的虚拟网络，如图 2.1 所示。

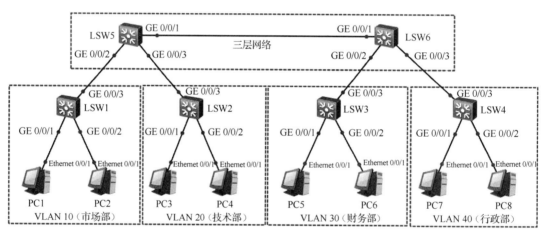

图 2.1　VLAN 逻辑工作组划分

使用 VLAN 技术的目的是将一个广播域网络划分成几个逻辑广播域网络，每个逻辑网络内的用户形成一个组，组内的成员间可以通信，组间的成员不允许通信。一个 VLAN 是一个广播域，二层的单播、广播和多播帧在同一 VLAN 内转发、扩散，而不会直接进入其他 VLAN 中，广播报文就被限制在各个相应的 VLAN 内，可提高网络安全性和交换机运行效率。VLAN 划分方式有很多，如基于端口划分、基于 MAC 地址划分、基于协议划分、基于 IP 子网划分、基于策略划分等，目前应用得最多的是基于端口划分，因为这种方式简单实用。

VLAN 建立在局域网交换机的基础上，既可保持局域网的低延迟、高吞吐量特点，又可解决单个广播域内广播数量过多、使网络性能降低的问题。VLAN 技术是局域网组网时经常使用的主要技术之一。

1. VLAN 的优点

（1）限制广播域。在一台交换机组成的网络中，默认状态下，所有交换机端口都在一个广播域内。而采用 VLAN 技术可以限制广播域，减少干扰，将数据帧限制在同一个 VLAN 内，不会影响其他 VLAN，这可在一定程度上节省带宽，每个 VLAN 都是一个独立的广播域。

（2）网络管理简单，可以灵活划分虚拟工作组。从逻辑上将交换机划分为若干个 VLAN，可以动态地组建网络环境，用户无论在哪儿都可以不做任何修改就接入网络。依据不同的 VLAN 划分方式，可以在一台交换机上提供多种网络应用服务，提高设备的利用率。

（3）提高网络安全性。不同 VLAN 的用户在未经许可的情况下是不能相互访问的，一个 VLAN 内的广播帧不会发送到另一个 VLAN 中，这样可以保护用户不被其他用户窃听，从而保证网络的安全。

2. VLAN 的划分方式

（1）基于端口划分。这种方式根据交换机的端口编号来划分 VLAN，通过为交换机的每个端口配置不同的基于端口的 VLAN ID（Port-base VLAN ID，PVID）来将不同端口划分到不同 VLAN 中。初始情况下，华为 X7 系列交换机的端口处于 VLAN 1 中。此方式配置简单，但是当主机移动位置时，需要重新配置 VLAN。

（2）基于 MAC 地址划分。这种方式根据主机网卡的 MAC 地址划分 VLAN。这种方式需要网络管理员提前配置好网络中的主机 MAC 地址和 VLAN ID 之间的映射关系。如果交换机收到不带标签的数据帧，则会查找之前配置的 MAC 地址和 VLAN 映射表，再根据数据帧中携带的 MAC 地址来添加相应的 VLAN 标签。在使用此方式划分 VLAN 时，即使主机移动位置，也不需要重新配置 VLAN。

（3）基于 IP 子网划分。交换机在收到不带标签的数据帧时，会根据报文携带的 IP 地址给数据帧添加 VLAN 标签。

（4）基于协议划分。根据数据帧的协议类型（或协议族类型）、封装格式来分配 VLAN ID。网络管理员需要先配置好协议类型和 VLAN ID 之间的映射关系。

（5）基于策略划分。使用几个组合的条件来分配 VLAN 标签。这些条件包括 IP 子网、端口和 IP 地址等。只有当所有条件都匹配时，交换机才为数据帧添加 VLAN 标签。另外，每一条策略都是需要手动配置的。

3. VLAN 数据帧格式

要使交换机能够分辨不同 VLAN 的报文，需要在报文中添加标识 VLAN 信息的字段。IEEE 802.1Q 协议规定，在以太网数据帧的目的 MAC 地址和源 MAC 地址字段之后、协议类型字段之前，加入 4 字节的 VLAN 标签（VLAN Tag，Tag），用于标识数据帧所属的 VLAN。传统的以太网数据帧格式与 802.1Q VLAN 数据帧格式如图 2.2 所示。

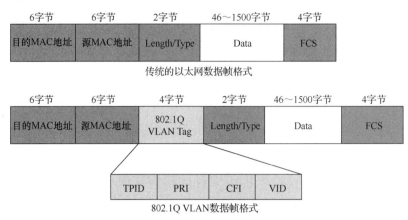

图 2.2　传统的以太网数据帧格式与 802.1Q VLAN 数据帧格式

在一个 VLAN 交换网络中，以太网帧主要有以下两种形式。

（1）有标记（Tagged）帧：加入了 4 字节 VLAN 标签的帧。

（2）无标记（Untagged）帧：原始的、未加入 4 字节 VLAN 标签的帧。

以太网链路包括接入链路（Access Link）和干道链路（Trunk Link）。接入链路用于连接交换机和用户终端（如用户主机、服务器、交换机等），只可以承载一个 VLAN 的数据帧。干道链路用于交换机间的互联，或用于连接交换机与路由器，可以承载多个不同 VLAN 的数据帧。在接入链路上传输的数据帧都是 Untagged 帧，在干道链路上传输的数据帧都是 Tagged 帧。

交换机内部处理的数据帧都是 Tagged 帧。从用户终端接收 Untagged 帧后，交换机会为 Untagged 帧添加 VLAN 标签，重新计算帧校验序列（Frame Check Sequence，FCS），并通过干道链路发送帧；向用户终端发送帧前，交换机会去除 VLAN 标签，并通过接入链路向终端发送 Untagged 帧。

VLAN 标签包含 4 个字段，各字段的含义及取值如表 2.1 所示。

表 2.1　VLAN 标签各字段的含义及取值

字段	长度	含义	取值
TPID	2 字节	Tag Protocol Identifier（标签协议标识符），表示数据帧类型	取值为 0x8100 时，表示 IEEE 802.1Q 的 VLAN 数据帧。如果不支持 IEEE 802.1Q 的设备收到这样的帧，则会将其丢弃。 各设备厂商可以自定义该字段的值。当邻居设备将 TPID 值配置为非 0x8100 时，为了能够识别这样的报文、实现互通，必须在本设备上修改 TPID 值，确保和邻居设备的 TPID 值一致
PRI	3 位	Priority，表示数据帧的 IEEE 802.1Q 优先级	取值为 0 ～ 7，值越大表示优先级越高。当网络阻塞时，交换机优先发送优先级高的数据帧

续表

字段	长度	含义	取值
CFI	1位	Canonical Format Indicator（标准格式指示位），表示 MAC 地址在不同的传输介质中是否以标准格式进行封装，用于兼容以太网和令牌环网	取值为 0 时，表示 MAC 地址以标准格式进行封装；取值为 1 时，表示 MAC 地址以非标准格式进行封装。在以太网中，CFI 的值为 0
VID	12位	表示该数据帧所属 VLAN 的 ID	取值为 0～4095。因为 0 和 4095 为协议保留取值，所以 VID 的有效取值为 1～4094

2.1.2 端口类型

PVID 代表端口的默认 VLAN。默认情况下，交换机每个端口的 PVID 都是 1。交换机从对端设备收到的帧有可能是 Untagged 帧，但所有以太网帧在交换机中都是以 Tagged 的形式被处理和转发的，因此交换机必须给端口收到的 Untagged 帧添加标签。为了达到此目的，必须为交换机配置端口的默认 VLAN。当端口收到 Untagged 帧时，交换机将给它加上该默认 VLAN 的标签。

基于链路对 VLAN 标签的不同处理方式，可对以太网交换机的端口进行区分。以太网交换机的端口大致分为以下 3 类。

1. 接入端口

接入端口（Access Port）是交换机上用来连接用户主机的端口，它只能连接接入链路，并且只允许具有唯一 VLAN ID 的数据帧通过本端口，如图 2.3 所示。

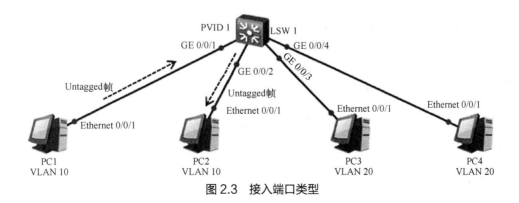

图 2.3 接入端口类型

接入端口收发数据帧的规则如下。

（1）如果接入端口收到对端设备发送的帧是 Untagged 帧，则交换机将为其强制加上该端口的 PVID。如果接入端口收到对端设备发送的帧是 Tagged 帧，则交换机会检查该数据帧标签内的 VLAN ID，当 VLAN ID 与接入端口的 PVID 相同时，接收该报文；当 VLAN ID 与接入端口的 PVID 不同时，丢弃该报文。

（2）接入端口发送数据帧时，总是先剥离帧的标签，再进行发送。接入端口发往对端设备的以太网帧永远是 Untagged 帧。

在图 2.3 中，交换机 LSW1 的 GE 0/0/1、GE 0/0/2、GE 0/0/3 和 GE 0/0/4 端口分别连接 4 台主机 PC1、PC2、PC3 和 PC4，端口类型均为接入端口。主机 PC1 把 Untagged 帧发送到交换机 LSW1 的 GE 0/0/1 端口，交换机再将之发往其他目的地。收到数据帧之后，交换机 LSW1 根据端口的 PVID 给数据帧添加 VLAN 标签 10，然后决定从 GE 0/0/2 端口转发该数据帧。GE 0/0/2 端口的 PVID 也是 10，与 VLAN 标签中的 VLAN ID 相同，所以交换机移除该标签，把数据帧发送到主机 PC2。连接主机 PC3 和主机 PC4 的端口的 PVID 是 20，与 VLAN 10 不属于同一个 VLAN，因此，相应端口不会接收到 VLAN 10 的数据帧。

2．干道端口

干道端口（Trunk Port）是交换机上用来和其他交换机连接的端口，它只能连接干道链路。干道端口允许多个 VLAN 的帧（带标签）通过，如图 2.4 所示。

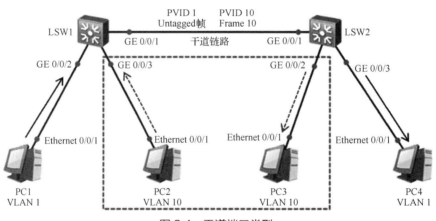

图 2.4　干道端口类型

干道端口收发数据帧的规则如下。

（1）当干道端口接收到对端设备发送的 Untagged 帧时，会添加该端口的 PVID，如果 PVID 在端口允许通过的 VLAN ID 列表中，则接收该报文，否则丢弃该报文。当干道端口接收到对端设备发送的 Tagged 帧时，检查 VLAN ID 是否在允许通过的 VLAN ID 列表中，如果在则接收该报文，否则丢弃该报文。

（2）干道端口发送数据帧时，当 VLAN ID 与端口的 PVID 相同，且是该端口允许通过的 VLAN ID 时，去掉标签，发送该报文。当 VLAN ID 与端口的 PVID 不同，且是该端口允许通过的 VLAN ID 时，保留原有标签，发送该报文。

在图 2.4 中，交换机 LSW1 和交换机 LSW2 连接主机的端口均为接入端口，交换机 LSW1 端口 GE 0/0/1 和交换机 LSW2 端口 GE 0/0/1 互联的端口均为干道端口，本地 PVID 均为 1，此干道链路允许所有 VLAN 的流量通过。当交换机 LSW1 转发 VLAN 1 的数据帧时，会去除 VLAN 标签，并将之发送到干道链路上。而在转发 VLAN 10 的数据帧时，不去除 VLAN 标签，直接将之转发到干道链路上。

3. 混合端口

接入端口发往其他设备的报文都是 Untagged 帧，而干道端口仅在一种特定情况下才能发出 Untagged 帧，其他情况下发出的都是 Tagged 帧。

混合端口（Hybrid Port）是交换机上既可以连接用户主机，又可以连接其他交换机的端口。它既可以连接接入链路，又可以连接干道链路。混合端口允许多个 VLAN 的帧通过，并可以在出端口方向将某些 VLAN 帧的标签去掉。华为设备默认的端口是混合端口。混合端口类型如图 2.5 所示。

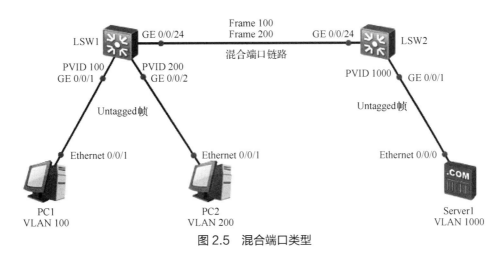

图 2.5　混合端口类型

在图 2.5 中，要求主机 PC1 和主机 PC2 都能访问服务器，但是它们之间不能互相访问。此时交换机连接主机和服务器的端口，以及交换机互联的端口都为混合端口。交换机连接主机 PC1 的端口的 PVID 是 100，连接主机 PC2 的端口的 PVID 是 200，连接服务器的端口的 PVID 是 1000。

（1）不同类型端口接收报文时的处理方式如表 2.2 所示。

表 2.2　不同类型端口接收报文时的处理方式

端口	处理方式	
	携带 VLAN 标签	不携带 VLAN 标签
接入端口	丢弃该报文	为该报文添加 VLAN 标签（为本端口的 PVID）

续表

端口	处理方式	
	携带 VLAN 标签	不携带 VLAN 标签
干道端口	判断本端口是否允许携带该 VLAN 标签的报文通过。如果允许，则让报文携带原有 VLAN 标签并对之进行转发，否则丢弃该报文	为该报文添加 VLAN 标签（为本端口的 PVID）
混合端口	判断本端口是否允许携带该 VLAN 标签的报文通过。如果允许，则让报文携带原有 VLAN 标签并对之进行转发，否则丢弃该报文	为该报文添加 VLAN 标签（为本端口的 PVID）

（2）不同类型端口发送报文时的处理方式如表 2.3 所示。

表 2.3　不同类型端口发送报文时的处理方式

端口	处理方式
接入端口	去掉报文携带的 VLAN 标签，并进行转发
干道端口	首先判断相应 VLAN ID 是否在允许列表中，其次判断报文携带的 VLAN 标签是否和端口的 PVID 相同。如果 PVID 在允许列表中且和端口 PVID 相同，则去掉报文携带的 VLAN 标签，并进行转发；否则使报文带原有 VLAN 标签对之进行转发
混合端口	首先判断相应 VLAN ID 是否在允许列表中，其次判断报文携带的 VLAN 标签在本端口需要做怎样的处理。如果是以 Untagged 方式转发的，则处理方式同接入端口；如果是以 Tagged 方式转发的，则处理方式同干道端口

任务实施

2.1.3　VLAN 内通信

1. VLAN 基本配置

交换机设备在支持多种 VLAN 划分方式时，一般情况下，将会采用基于策略、基于 MAC 地址、基于 IP 子网、基于协议、基于端口的优先级顺序选择为数据添加 VLAN 的方式。虽然基于端口划分 VLAN 的优先级最低，但它是目前定义 VLAN 时使用得最广泛的方法。这种方法的优点是只要将端口定义一次就可以；缺点是当某个 VLAN 中的用户离开原来的端口、移动到一个新的端口时，必须重新定义端口所在的 VLAN 区域。VLAN 基本配置如图 2.6 所示。

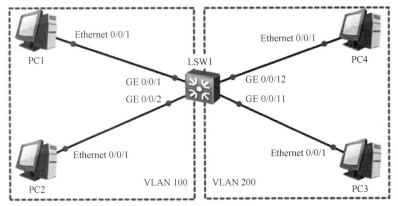

图 2.6 VLAN 基本配置

2. 创建 VLAN

用户首次登录到用户视图（<Huawei>）后，输入"system-view"命令并按 Enter 键，进入系统视图（[Huawei]），在系统视图下使用 vlan 命令进入 VLAN 配置模式以创建或者修改 VLAN，相关实例代码如下。

微课

VLAN
基本配置

```
<Huawei>                                        //用户视图
<Huawei>system-view                             //进入系统视图
[Huawei]                                        //系统视图
[Huawei]sysname LSW1                            //修改交换机的名称
[ LSW1]vlan batch 100 200                       // 创建 VLAN 100、VLAN 200
[ LSW1]vlan 100                                 //配置 VLAN 100
[ LSW1-vlan100]description user-group-100       //修改 VLAN 100 组的描述
[LSW1-vlan100]quit
[ LSW1]vlan 200                                 //配置 VLAN 200
[ LSW1-vlan200]description user-group-200       //修改 VLAN 200 组的描述
[ LSW1-vlan200]quit                             //返回到上一级视图
[ LSW1-vlan200]return                           //返回到用户视图
< LSW1>
```

3. 划分端口给相应的 VLAN

将端口划分给相应的 VLAN 有两种方式。因为华为设备默认的端口类型是混合端口，所以要将端口划分给相应 VLAN，首先要设置端口类型。

方式 1：在端口模式下设置端口类型，将端口划分给相应 VLAN。例如，将单独端口 GE 0/0/1、GE 0/0/2 划分给 VLAN 100；也可以对连续端口进行统一配置（如 GE0/0/11、GE 0/0/12），并将它们划分给 VLAN 200，相关实例代码如下。

```
[LSW1]interface GigabitEthernet 0/0/1                //配置 GE 0/0/1 端口
[LSW1-GigabitEthernet0/0/1]port link-type access     //设置端口类型为接入端口
[LSW1-GigabitEthernet0/0/1]port default vlan 100     //将端口划分给 VLAN 100
[LSW1-GigabitEthernet0/0/1]quit                      //返回到上一级视图
[LSW1]interface GigabitEthernet 0/0/2
[LSW1-GigabitEthernet0/0/2]port link-type access
[LSW1-GigabitEthernet0/0/2]port default vlan 100
[LSW1-GigabitEthernet0/0/2]quit
[LSW1]port-groupgroup-member  GigabitEthernet 0/0/11 to GigabitEthernet 0/0/12
```

```
                                      //统一配置GE 0/0/11与GE 0/0/12端口
[LSW1-port-group]port link-type access
[LSW1-port-group]port default vlan 200
[LSW1-port-group]quit
[LSW1]
```

方式2：在VLAN模式下设置端口类型，将端口划分给相应VLAN。例如，将单独端口GE 0/0/1、GE 0/0/2划分给VLAN 100；也可以对连续端口进行统一配置（如GE 0/0/11、GE 0/0/12），并将它们划分给VLAN 200，相关实例代码如下。

```
[LSW1]interface GigabitEthernet 0/0/1                //配置GE 0/0/1端口
[LSW1-GigabitEthernet0/0/1]port link-type access     //设置端口类型为接入端口
[LSW1-GigabitEthernet0/0/1]quit                      //返回到上一级视图
[LSW1]interface GigabitEthernet 0/0/2
[LSW1-GigabitEthernet0/0/2]port link-type access
[LSW1-GigabitEthernet0/0/2]quit
[LSW1]vlan 100                                       //配置VLAN 100
[LSW1-vlan100]port  GigabitEthernet 0/0/1            //将GE 0/0/1端口划分给VLAN 100
[LSW1-vlan100]port  GigabitEthernet 0/0/2            //将GE 0/0/2端口划分给VLAN 100
[LSW1]port-groupgroup-member  GigabitEthernet 0/0/11 to GigabitEthernet 0/0/12
                                                     //统一配置GE 0/0/11与GE 0/0/12端口
[LSW1-port-group]port link-type access
[LSW1]vlan 200                                       //配置VLAN 200
[LSW1-vlan200]port GigabitEthernet 0/0/11 to 0/0/12
                                                     //将GE 0/0/11和GE 0/0/12端口划分给VLAN 200
[LSW1-vlan200]quit
[LSW1]
```

4. 查看并保存配置文件

（1）查看当前配置信息，主要相关实例代码如下。

```
<LSW1>display current-configuration
#
sysname LSW1
#
vlan batch 100 200
#
vlan 100
   description user-group-100
vlan 200
   description user-group-200
#
interface GigabitEthernet0/0/1
   port link-type access
   port default vlan 100
#
interface GigabitEthernet0/0/2
   port link-type access
   port default vlan 100
#
interface GigabitEthernet0/0/11
   port link-type access
   port default vlan 200
#
interface GigabitEthernet0/0/12
   port link-type access
```

```
    port default vlan 200
#
user-interface con 0
user-interface vty 0 4
#
return
<LSW1>
```

（2）查看端口配置信息，主要相关实例代码如下。

```
<LSW1>display current-configuration | begin interface
interface Vlanif1                          // 查看显示结果，"|"表示从 Interface 开始显示
#
interface MEth0/0/1
#
interface GigabitEthernet0/0/1
  port link-type access
  port default vlan 100
#
interface GigabitEthernet0/0/2
  port link-type access
  port default vlan 100
#
interface GigabitEthernet0/0/11
  port link-type access
  port default vlan 200
#
interface GigabitEthernet0/0/12
  port link-type access
  port default vlan 200
#
return
<LSW1>
```

（3）查看 VLAN 配置信息。这里使用了 display vlan 命令，结果如图 2.7 所示。

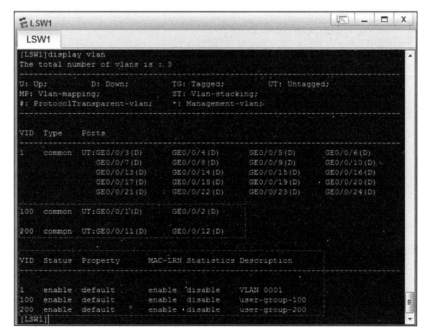

图 2.7　查看 VLAN 配置信息

（4）保存当前配置信息，相关实例代码如下。

```
<LSW1>save                                          // 保存当前配置结果
The current configuration will be written to the device.
Are you sure to continue?[Y/N]y                     // 提示是否继续保存，输入"y"表示保存
Now saving the current configuration to the slot 0.
Apr 21 2022 12:18:12-08:00 LSW1 %%01CFM/4/SAVE(l)[1]:The user chose Y when decid
ing whether to save the configuration to the device.
Save the configuration successfully.                // 提示保存成功
<LSW1>
```

（5）查看版本信息，相关实例代码如下。

```
<LSW1>display  version
Huawei Versatile Routing Platform Software
VRP (R) software, Version 5.110 (S5700 V200R001C00)
Copyright (c) 2000-2011 HUAWEI TECH CO., LTD
Quidway S5700-28C-HI Routing Switch uptime is 0 week, 0 day, 0 hour, 16 minutes
<LSW1>
```

5. 配置交换机干道端口实现 VLAN 内通信

（1）相同 VLAN 内的主机可以相互访问，不同 VLAN 间的主机不能相互访问。

交换机 LSW1 与交换机 LSW2 使用干道端口互联，相同 VLAN 内的主机可以相互访问，不同 VLAN 间的主机不能相互访问，如图 2.8 所示。

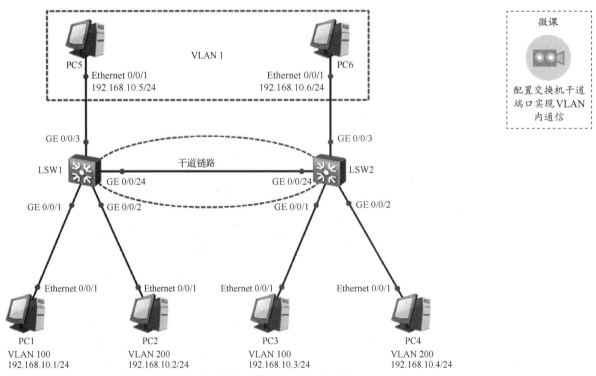

图 2.8　配置交换机干道端口实现 VLAN 内通信

（2）配置交换机 LSW1、LSW2。以交换机 LSW1 为例，设置 GE 0/0/1、GE 0/0/2、GE 0/0/3 的端口类型为接入端口，GE 0/0/24 端口类型为干道端口，相关实例代码如下。

```
<Huawei>system-view
Enter system view, return user view with Ctrl+Z.
[Huawei]sysname LSW1
[LSW1] vlan batch 100 200
[LSW1]int g 0/0/24                                              // 简写 GE 0/0/24 端口
[LSW1-GigabitEthernet0/0/24]port link-type trunk                // 设置端口类型为干道端口
[LSW1-GigabitEthernet0/0/24]port trunk allow-pass vlan all      // 允许所有 VLAN 数据通过
[LSW1-GigabitEthernet0/0/24]quit
[LSW1]port-groupgroup-member GigabitEthernet 0/0/1 to GigabitEthernet 0/0/3
                                                                // 统一设置 GE 0/0/1～GE 0/0/3 端口
[LSW1-port-group] port link-type access
[LSW1-port-group]quit
[LSW1]int g 0/0/1
[LSW1-GigabitEthernet0/0/1]port default vlan 100
[LSW1-GigabitEthernet0/0/1]int g 0/0/2
[LSW1-GigabitEthernet0/0/2]port default vlan 200
[LSW1-GigabitEthernet0/0/2]quit
[LSW1]
```

（3）按图 2.8 配置相关主机的 IP 地址、VLAN 信息等。主机 PC1 与主机 PC3 属于 VLAN 100，主机 PC2 与主机 PC4 属于 VLAN 200，主机 PC5 与主机 PC6 属于默认 VLAN（VLAN 1），对所有设备的配置信息均在华为 eNSP 软件下进行模拟测试。例如，设置主机 PC1 与主机 PC2 的配置信息，如图 2.9 所示。

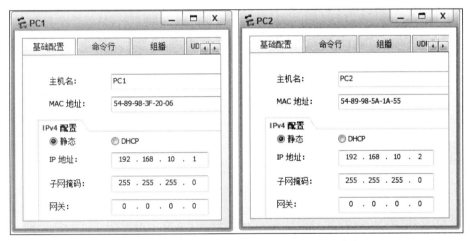

图 2.9　设置主机 PC1 和主机 PC2 的配置信息

（4）显示交换机 LSW1、LSW2 的配置信息。以交换机 LSW1 为例，主要相关实例代码如下。

```
[LSW1]display current-configuration
#
sysname LSW1
#
vlan batch 100 200
#
interface GigabitEthernet0/0/1
  port link-type access
  port default vlan 100
```

```
#
interface GigabitEthernet0/0/2
  port link-type access
  port default vlan 200
#
interface GigabitEthernet0/0/24
  port link-type trunk
  port trunk allow-pass vlan 2 to 4094
#
interface NULL0
#
user-interface con 0
user-interface vty 0 4
#
return
[LSW1]
```

（5）使主机间相互访问，进行相关测试。

主机 PC1 与主机 PC2 分别属于 VLAN 100 与 VLAN 200，虽然它们连接的是同一台交换机 LSW1，但无法相互访问，如图 2.10 所示。

主机 PC1 与主机 PC3 属于同一个 VLAN 100，虽然它们分别连接交换机 LSW1 与交换机 LSW2，但主干链路为干道链路，因此可以相互访问，如图 2.11 所示。

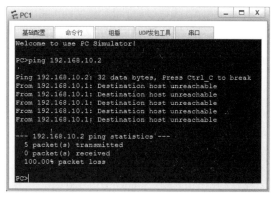

图 2.10　主机 PC1 ping 主机 PC2，无法访问

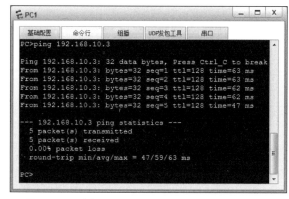

图 2.11　主机 PC1 ping 主机 PC3，可以访问

主机 PC1 与主机 PC4 分别属于 VLAN 100 与 VLAN 200，分别连接交换机 LSW1 与交换机 LSW2，无法相互访问，如图 2.12 所示。

主机 PC5 与主机 PC6 同属于 VLAN 1，虽然交换机 LSW2 只允许 VLAN 100、VLAN 200 的数据通过，但 VLAN 1 的数据仍然可以通过，如图 2.13 所示。

```
[LSW2]int g 0/0/24                                          // 简写 GE 0/0/24 端口
[LSW2-GigabitEthernet0/0/24]port link-type trunk            // 设置端口类型为干道端口
[LSW2-GigabitEthernet0/0/24]port trunk allow-pass vlan 100 200
                                               // 只允许 VLAN 100、VLAN 200 的数据通过
```

（6）如何配置才能使 VLAN 1 的数据不在干道链路上进行转发呢？也就是说，虽然主机 PC5 与主机 PC6 都在 VLAN 1 中，但要使它们不可以相互访问。有以下两种方式可以实现这种效果。

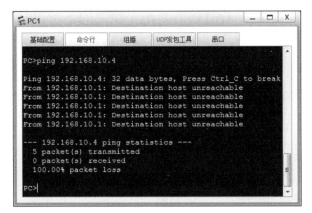

图 2.12　主机 PC1 ping 主机 PC4，无法访问

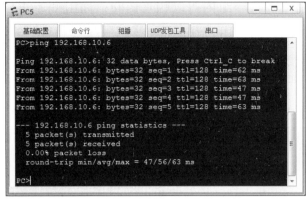

图 2.13　主机 PC5 ping 主机 PC6，可以访问

一种方式是在干道链路上改变本地默认 PVID，使用其他的 PVID，相关实例代码如下。

```
[LSW1]int g 0/0/24
[LSW1-GigabitEthernet0/0/24]port trunk pvid vlan 100
[LSW1-GigabitEthernet0/0/24]quit
[LSW1]
```

设置交换机 LSW1 的 GE 0/0/24 端口干道链路的 PVID 为 100 后，主机 PC5 就无法访问主机 PC6 了，如图 2.14 所示。

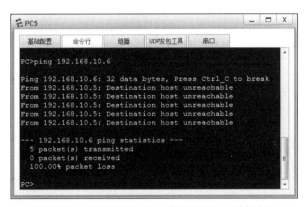

图 2.14　主机 PC5 ping 主机 PC6，无法访问

另一种方式是在干道链路上不转发 VLAN 1 的数据，相关实例代码如下。

```
[LSW1]int g 0/0/24
[LSW1-GigabitEthernet0/0/24]undo port trunk pvid vlan              //恢复 VLAN 1 的 PVID
[LSW1-GigabitEthernet0/0/24]undo port trunk allow-pass vlan 1      //拒绝 VLAN 1 数据通过
[LSW1-GigabitEthernet0/0/24]quit
[LSW1]
```

设置交换机 LSW1 的 GE 0/0/24 端口干道链路不转发 VLAN 1 的数据，也可以使主机 PC5 无法访问主机 PC6。

6. 配置混合端口实现 VLAN 内通信

华为交换机默认的端口类型为混合端口，这在现实中有很大意义。一般

微课

配置混合端口实现 VLAN 内通信

用户都希望组内可以相互访问，而组间不可以相互访问；有时候需要组与组之间不可以相互访问，但都可以访问同一台服务器。通过二层交换机可以很好地解决这样的问题，而不需要通过三层交换机来解决。

服务器 Server1 属于 VLAN 100，连接在交换机 LSW1 上；主机 PC1、主机 PC2 分别属于 VLAN 10、VLAN 20，连接在交换机 LSW2 上，如图 2.15 所示。

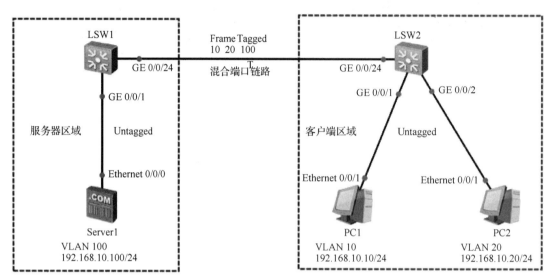

图 2.15 配置混合端口实现 VLAN 内通信

（1）配置交换机 LSW1，相关实例代码如下。

```
[Huawei]sysname LSW1
[LSW1]vlan batch 10 20 100
[LSW1]interface GigabitEthernet 0/0/1
[LSW1-GigabitEthernet0/0/1]port link-type hybrid
[LSW1-GigabitEthernet0/0/1]port hybrid pvid vlan 100
            // 配置本地 VLAN 为 VLAN 100
[LSW1-GigabitEthernet0/0/1]port hybrid untagged vlan 10 20 100
            // 在 GE 0/0/1 端口允许 Untagged VLAN 10 20 100 数据通过
[LSW1-GigabitEthernet0/0/1]quit
[LSW1]interface GigabitEthernet 0/0/24
[LSW1-GigabitEthernet0/0/24]port hybrid tagged vlan 10 20 100
            // 在 GE 0/0/24 端口允许 Tagged VLAN 10 20 100 数据通过
[LSW1-GigabitEthernet0/0/24]quit
[LSW1]
```

（2）配置交换机 LSW2，相关实例代码如下。

```
[Huawei]sysname LSW2
[LSW2]vlan batch 10 20 100
[LSW2]interface GigabitEthernet 0/0/1
[LSW2-GigabitEthernet0/0/1]port hybrid pvid vlan 10
[LSW2-GigabitEthernet0/0/1]port hybrid untagged vlan 10 100
[LSW2-GigabitEthernet0/0/1]quit
[LSW2]interface GigabitEthernet 0/0/2
[LSW2-GigabitEthernet0/0/2]port hybrid pvid vlan 20
[LSW2-GigabitEthernet0/0/2]port hybrid untagged vlan 20 100
[LSW2-GigabitEthernet0/0/2]quit
```

```
[LSW2]interface GigabitEthernet 0/0/24
[LSW2-GigabitEthernet0/0/24]port hybrid tagged vlan 10 20 100
[LSW2-GigabitEthernet0/0/24]quit
[LSW2]
```

（3）显示交换机 LSW1 的配置信息，主要相关实例代码如下。

```
[LSW1]display current-configuration
#
sysname LSW1
#
vlan batch 10 20 100
#
interface GigabitEthernet0/0/1
  port hybrid pvid vlan 100
  port hybrid untagged vlan 10 20 100
#
interface GigabitEthernet0/0/24
  port hybrid tagged vlan 10 20 100
#
user-interface con 0
user-interface vty 0 4
#
return
[LSW1]
```

（4）显示交换机 LSW2 的配置信息，主要相关实例代码如下。

```
[LSW2]display current-configuration
#
sysname LSW2
#
vlan batch 10 20 100
#
interface GigabitEthernet0/0/1
  port hybrid pvid vlan 10
  port hybrid untagged vlan 10 100
#
interface GigabitEthernet0/0/2
  port hybrid pvid vlan 20
  port hybrid untagged vlan 20 100
#
interface GigabitEthernet0/0/24
  port hybrid tagged vlan 10 20 100
#
user-interface con 0
user-interface vty 0 4
#
return
[LSW2]
```

（5）进行相关测试。VLAN 10 中的主机 PC1 访问 VLAN 100 中的服务器 Server1 时，可以访问；访问 VLAN 20 中的主机 PC2 时，无法访问，如图 2.16 所示。

VLAN 20 中的主机 PC2 访问 VLAN 100 中的服务器 Server1 时，可以访问；访问 VLAN 10 中的主机 PC1 时，无法访问，如图 2.17 所示。

图 2.16　VLAN 10 中的主机 PC1 的访问测试结果

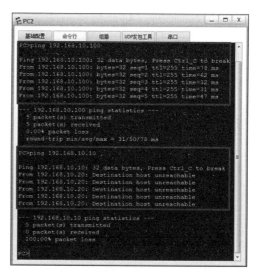

图 2.17　VLAN 20 中的主机 PC2 的访问测试结果

2.1.4　VLAN 间通信

VLAN 隔离了二层广播域，也严格地隔离了各个 VLAN 之间的任何二层流量，属于不同 VLAN 的用户之间不能进行二层通信。因为不同 VLAN 之间的主机无法实现二层通信，所以只有通过三层路由才能将报文从一个 VLAN 转发到另外一个 VLAN。

解决 VLAN 间通信问题的第一种方法是在路由器上为每个 VLAN 分配一个单独的端口，并使用一条物理链路连接到二层交换机上。当 VLAN 间的主机需要通信时，数据会经路由器进行三层路由，并被转发到目的 VLAN 内的主机上，这样就可以实现 VLAN 之间的通信。然而，随着每台交换机上 VLAN 数量的增加，必然需要大量的路由器端口，路由器的端口数量是极其有限的；此外，某些 VLAN 之间的主机可能不需要频繁地进行通信，这样方法会导致路由器的端口利用率很低。因此，在实际应用中一般不会采用这种方法来解决 VLAN 间的通信问题。

解决 VLAN 间通信问题的第二种方法是在三层交换机上配置 VLANIF 来实现 VLAN 间路由。如果网络上有多个 VLAN，则需要给每个 VLAN 配置一个 VLANIF，并给每个 VLANIF 配置一个 IP 地址。用户设置的默认网关 IP 地址就是三层交换机中 VLANIF 的 IP 地址。

解决 VLAN 间通信问题的第三种方法是使用单臂路由实现 VLAN 间通信。在交换机和路由器之间仅用一条物理链路连接。在交换机上，把连接到路由器的端口配置为干道类型，并允许相关 VLAN 的帧通过。

1. 使用三层交换机实现 VLAN 间通信

（1）三层交换机逻辑端口简称 VLANIF，通常将这个端口作为 VLAN 用户的网关，利用 VLANIF 可以实现 VLAN 之间的通信。为了实现

VLAN 之间的通信，需要为三层交换机的 VLAN 创建 VLANIF，配置 VLANIF 的 IP 地址，将 VLAN 中主机的网关 IP 地址设置为 VLANIF 的 IP 地址，如图 2.18 所示。

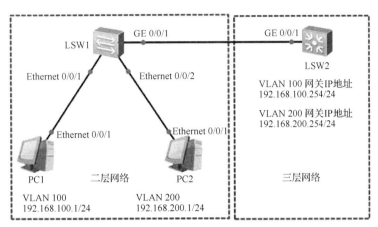

图 2.18　使用三层交换机实现 VLAN 间通信

主机 PC1 向主机 PC2 发送一个数据包，因主机 PC1 和主机 PC2 不在同一网段中，故主机 PC1 要先将数据包发送至 IP 地址为 192.168.100.254 的网关；三层交换机 LSW2 接收到这个数据包以后，取出目的 IP 地址，确定要去往的目标网络地址为 192.168.200.0 网段，查询三层交换机 LSW2 的路由表，得知去往目标网络需要从 192.168.200.254 端口发送数据包；VLANIF（192.168.100.254）和 VLANIF（192.168.200.254）分别是 VLAN 100 和 VLAN 200 的路由端口，即 VLAN 100 和 VLAN 200 网段中主机的网关 IP 地址。

（2）配置交换机 LSW1，相关实例代码如下。

```
<Huawei>system-view
[Huawei]sysname LSW1
[LSW1]vlan batch 100 200
[LSW1]interface Ethernet 0/0/1
[LSW1-Ethernet0/0/1]port link-type access
[LSW1-Ethernet0/0/1]port default vlan 100
[LSW1-Ethernet0/0/1]int e 0/0/2
[LSW1-Ethernet0/0/2]port link-type access
[LSW1-Ethernet0/0/2]port default vlan 200
[LSW1-Ethernet0/0/2]int g 0/0/1
[LSW1-GigabitEthernet0/0/1]port link-type trunk
[LSW1-GigabitEthernet0/0/1]port trunk allow-pass vlan 100 200
[LSW1-GigabitEthernet0/0/1]quit
[LSW1]
```

（3）配置交换机 LSW2，相关实例代码如下。

```
<Huawei>system-view
[Huawei]sysname LSW2
[LSW2]vlan batch 100 200
[LSW2]interface GigabitEthernet 0/0/1
[LSW2-GigabitEthernet0/0/1]port link-type trunk
[LSW2-GigabitEthernet0/0/1]port trunk allow-pass vlan 100 200
[LSW2]interface Vlanif 100
[LSW2-Vlanif100]ip address 192.168.100.254 24
[LSW2-Vlanif100]int vlan 200
```

```
[LSW2-Vlanif200]ip address 192.168.200.254 24
[LSW2-Vlanif200]quit
[LSW2]
```

（4）显示交换机 LSW1 的配置信息，主要相关实例代码如下。

```
<LSW1>display current-configuration
#
sysname LSW1
#
vlan batch 100 200
#
interface Ethernet0/0/1
   port link-type access
   port default vlan 100
#
interface Ethernet0/0/2
   port link-type access
   port default vlan 200
#
interface GigabitEthernet0/0/1
   port link-type trunk
   port trunk allow-pass vlan 100 200
#
user-interface con 0
user-interface vty 0 4
#
return
<LSW1>
```

（5）显示交换机 LSW2 的配置信息，主要相关实例代码如下。

```
<LSW2>display current-configuration
#
sysname LSW2
#
vlan batch 100 200
#
interface Vlanif100
   ip address 192.168.100.254 255.255.255.0
#
interface Vlanif200
   ip address 192.168.200.254 255.255.255.0
#
interface MEth0/0/1
#
interface GigabitEthernet0/0/1
   port link-type trunk
   port trunk allow-pass vlan 100 200
#
user-interface con 0
user-interface vty 0 4
#
return
<LSW2>
```

（6）进行相关测试。VLAN 100 中的主机 PC1 访问 VLAN 200 中的主机 PC2 时，可以访问，如图 2.19 所示。

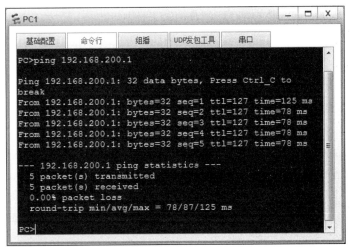

图 2.19　使用三层交换机实现 VLAN 间通信的测试结果

2. 使用单臂路由实现 VLAN 间通信

使用单臂路由实现 VLAN 间通信，需要在路由器上创建子端口，从逻辑上把连接路由器的物理链路分成多条。一个子端口代表一条属于某个 VLAN 的逻辑链路。配置子端口时，需要注意以下几点。

微课

使用单臂路由实现 VLAN 间通信

（1）必须为每个子端口分配一个 IP 地址。该 IP 地址与子端口所属 VLAN 位于同一网段。

（2）需在子端口上配置 IEEE 802.1Q 封装来去掉和添加 VLAN 标签，从而实现 VLAN 间互通。

（3）在子端口上使用 arp broadcast enable 命令可使用子端口的 ARP 广播功能。

主机 PC1 发送数据给主机 PC2 时，路由器 AR1 会通过 GE 0/0/1.1 子端口收到此数据，并查找路由表，将数据从 GE 0/0/1.2 子端口发送给主机 PC2，这样就实现了 VLAN 100 和 VLAN 200 之间的主机通信，如图 2.20 所示。

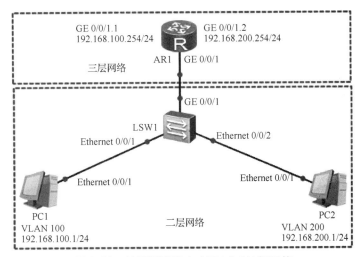

图 2.20　使用单臂路由实现 VLAN 间通信

（1）配置交换机 LSW1 的相关信息，相关实例代码如下。

```
[Huawei]sysname LSW1
[LSW1]vlan batch 100 200
[LSW1]interface Ethernet 0/0/1
[LSW1-Ethernet0/0/1]port link-type access
[LSW1-Ethernet0/0/1]port default vlan 100
[LSW1-Ethernet0/0/1]interface Ethernet0/0/2
[LSW1-Ethernet0/0/2]port link-type access
[LSW1-Ethernet0/0/2]port default vlan 200
[LSW1-Ethernet0/0/2]interface GigabitEthernet0/0/1
[LSW1- GigabitEthernet0/0/1]port link-type trunk
[LSW1- GigabitEthernet0/0/1]port trunk allow-pass vlan 100 200
[LSW1- GigabitEthernet0/0/1]undo port trunk pvid vlan      //禁止本地 VLAN 1 数据通行
[LSW1- GigabitEthernet0/0/1]quit
[LSW1]
```

（2）配置路由器 AR1 的相关信息，相关实例代码如下。

```
[Huawei]sysname AR1
[AR1]interface GigabitEthernet 0/0/1.1            //配置 GE 0/0/1 端口的子端口
[AR1-GigabitEthernet0/0/1.1]dot1q termination vid 100   //封装 IEEE 802.1Q，关联 VLAN 100
[AR1-GigabitEthernet0/0/1.1]ip address 192.168.100.254 24      //配置 IP 地址
[AR1-GigabitEthernet0/0/1.1]arp broadcast enable
                                                  //使用子端口的 ARP 广播功能
[AR1-GigabitEthernet0/0/1.1]interface GigabitEthernet 0/0/1.2
[AR1-GigabitEthernet0/0/1.2]dot1q termination vid 200   //封装 IEEE 802.1Q，关联 VLAN 200
[AR1-GigabitEthernet0/0/1.2]ip address 192.168.200.254 255.255.255.0
[AR1-GigabitEthernet0/0/1.2]arp broadcast enable
[AR1-GigabitEthernet0/0/1.2]quit
[AR1]
```

（3）显示交换机 LSW1 的配置信息，主要相关实例代码如下。

```
[LSW1]display current-configuration
#
sysname LSW1
#
vlan batch 100 200
#
interface Ethernet0/0/1
  port link-type access
  port default vlan 100
#
interface Ethernet0/0/2
  port link-type access
  port default vlan 200
#
interface GigabitEthernet0/0/1
  port link-type trunk
  port trunk allow-pass vlan 100 200
#
user-interface con 0
user-interface vty 0 4
#
return
[LSW1]
```

（4）显示路由器 AR1 的配置信息，主要相关实例代码如下。

```
[AR1]display current-configuration
#
sysname AR1
#
interface GigabitEthernet0/0/0
#
interface GigabitEthernet0/0/1
#
interface GigabitEthernet0/0/1.1
   dot1q termination vid 100
   ip address 192.168.100.254 255.255.255.0
   arp broadcast enable
#
interface GigabitEthernet0/0/1.2
   dot1q termination vid 200
   ip address 192.168.200.254 255.255.255.0
   arp broadcast enable
#
interface GigabitEthernet0/0/2
#
return
[AR1]
```

（5）进行相关结果测试。VLAN 100 中的主机 PC1 访问 VLAN 200 中的主机 PC2 时，可以访问，如图 2.21 所示。

图 2.21　使用单臂路由实现 VLAN 间通信的测试结果

任务 2.2　链路聚合配置

 任务陈述

小李是公司的网络工程师。随着公司业务的快速增长，公司网络的访问流量迅速增加，公司领导安排小李优化公司网络环境，增加网络带宽和提高网络的可靠性，并且在不增加网

络设备的情况下满足现有网络的运行要求。小李决定采用链路聚合技术优化网络环境，增加网络带宽与提高网络的可靠性，那么小李该如何配置现有的网络设备呢？

2.2.1 链路聚合概述

随着网络规模的不断扩大，用户对网络带宽与网络可靠性的要求也越来越高，采用链路聚合技术可以在不进行硬件升级的情况下，增加链路带宽和提高链路可靠性。链路聚合是指将两个或更多数据信道结合成一个信道，该信道以一个有更高带宽的逻辑链路的形式出现。链路聚合一般用来连接一个或多个带宽需求大的设备，以增加设备间的带宽，并在其中一条链路出现故障时可以快速地将流量转移到其他链路，这种切换为毫秒级，远远快于STP切换。

1. 链路聚合目的

在整个网络数据交换中，所有设备的流量在转发到其他网络前都会聚合到核心层，再由核心层设备转发到其他网络。因此，核心层设备在负责数据的高速交换时容易发生拥塞。在核心层部署链路聚合，可以增加整个网络的数据吞吐量，解决拥塞问题。链路聚合有以下两个目的。

（1）增加逻辑链路的带宽。链路聚合是指把两台设备之间的多条物理链路聚合在一起，并将其当作一条逻辑链路来使用。这两台设备可以是两台路由器、两台交换机，或者是一台路由器和一台交换机。一条聚合链路可以包含多条成员链路，华为 X7 系列交换机上默认最多为 8 条成员链路。理论上，通过聚合几条链路，一个聚合端口的带宽可以扩展为所有成员端口带宽的总和，这样就可有效地增加逻辑链路的带宽。

（2）提高网络的可靠性。配置了链路聚合之后，如果一个成员端口发生故障，则该成员端口的物理链路会把流量切换到另一条成员链路上。链路聚合还可以在一个聚合端口上实现负载均衡，一个聚合端口可以把流量分散到多个不同的成员端口上。通过成员链路把流量发送到同一个目的地，可将网络发生拥塞的可能性降到最低。

2. 链路聚合条件

使用 interface Eth-Trunk <trunk-id> 命令可以配置链路聚合。这条命令可创建一个 Eth-Trunk 端口，并进入该 Eth-Trunk 端口视图。trunk-id 用来唯一标识 Eth-Trunk 端口，该参数的取值可以是 0～63 的任何一个整数。如果指定的 Eth-Trunk 端口已经存在，则使用 interface Eth-Trunk 命令会直接进入该 Eth-Trunk 端口视图。

配置 Eth-Trunk 端口和成员端口时，需要遵守以下规则。

（1）把端口加入 Eth-Trunk 端口时，二层 Eth-Trunk 端口的成员端口必须是二层端口，三层 Eth-Trunk 端口的成员端口必须是三层端口。

（2）一个 Eth-Trunk 端口最多可以加入 8 个成员端口，加入 Eth-Trunk 端口的端口必须是混合端口（默认的端口类型）。

（3）一个以太网端口只能加入一个 Eth-Trunk 端口。如果要把一个已经加入某个 Eth-Trunk 端口的以太网端口加入另一个 Eth-Trunk 端口，则必须先把该以太网端口从当前所属的 Eth-Trunk 端口中删除。

（4）一个 Eth-Trunk 端口的成员端口类型必须相同。例如，一个快速以太网端口（FE 端口）和一个吉比特以太网端口（GE 端口）不能加入同一个 Eth-Trunk 端口。

（5）成员端口的速率必须相同，如都为 100Mbit/s 或都为 1000Mbit/s。

2.2.2　链路聚合模式

以太网链路聚合是指将多条以太网物理链路捆绑在一起成为一条逻辑链路，从而达到增加链路带宽的目的。一般交换机的一个负载均衡组最多可以支持对 8 个端口进行聚合。链路聚合模式分为手动模式和 LACP 模式。

1. 手动模式

手动模式是一种基本的链路聚合模式，在手动模式下，Eth-Trunk 端口的建立、成员端口的加入都是手动实现的，没有链路聚合控制协议（Link Aggregation Control Protocol，LACP）的参与。手动模式下所有处于 Selected 状态的成员端口都参与数据的转发，分担负载流量，因此手动模式也被称为手动负载均衡模式。手动聚合端口的 LACP 为关闭状态，即禁止用户使用手动聚合端口的 LACP。

在手动聚合组中，端口可能处于两种状态：Selected 或 Standby。处于 Selected 状态且端口号最小的端口为聚合组的主端口，其他处于 Selected 状态的端口为聚合组的成员端口。设备所能支持的聚合组中的最多端口数有限，因此，如果处于 Selected 状态的端口数超过设备所能支持的聚合组中的最多端口数，则系统将按照端口号从小到大的顺序选择一些端口作为 Selected 端口，其他端口则为 Standby 端口。

一般情况下，手动聚合对聚合前的端口速率和双工模式不做限制。但对于以下情况，系统会进行特殊处理：对于初始就处于 Down 状态的端口，在聚合时该端口的速率和双工模式没有限制；对于曾经处于 Up 状态，并协商或强制指定过端口速率和双工模式，而当前处于 Down 状态的端口，在聚合时要求该端口的速率和双工模式一致；对于一个聚合组，当聚合组中某个端口的速率和双工模式发生改变时，系统不进行解聚合，聚合组中的端口也都处于正常工作状态，但如果是主端口出现速率降低和双工模式变化，则该端口在进行转发操作时可能会出现丢包现象。

2. LACP 模式

LACP 是一种实现链路动态聚合与解聚合的协议。LACP 通过链路聚合控制协议数据单元（Link Aggregation Control Protocol Data Unit，LACPDU）与对端交互信息。使用某端口的 LACP 后，该端口将通过发送 LACPDU 来告知对端自己的系统优先级、系统 MAC 地址、端口优先级、端口号和操作 Key。对端接收到这些信息后，将这些信息与其他端口保存的信息进行比较，以选择能够聚合的端口，从而双方可以对端口加入或退出某个动态聚合组达成一致。

LACP 模式需要 LACP 的参与。当需要在两个直连设备之间提供一个较大的链路带宽且设备支持 LACP 时，建议使用 LACP 模式。LACP 模式不仅可以实现增加网络带宽、提高网络可靠性、分担负载的目的，还可以提高 Eth-Trunk 端口的容错性，并提供备份功能。

在 LACP 模式下，部分链路是活动链路，所有活动链路均参与数据转发。如果某条活动链路发生故障，则链路聚合组会自动在非活动链路中选择一条链路作为活动链路，使参与数据转发的链路数目不变。系统内的 LACP 优先级取值为 0 ～ 65535，该数值越小，表示优先级越高，默认优先级数值为 32768。

2.2.3 配置手动模式的链路聚合

对交换机 LSW1 的端口 GE 0/0/23 与交换机 LSW2 的端口 GE 0/0/24 配置手动模式的链路聚合，如图 2.22 所示。

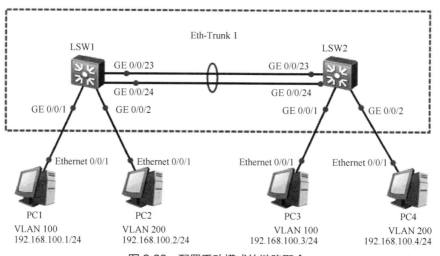

图 2.22　配置手动模式的链路聚合

（1）在交换机 LSW 上创建 Eth-Trunk 端口，并加入成员端口。以交换机 LSW1 为例，相关实例代码如下（交换机 LSW2 与交换机 LSW1 的配置类似，此处不一一介绍）。

```
<Huawei>system-view
[Huawei]sysname LSW1
[LSW1]vlan batch 100 200                                        // 创建VLAN 100、VLAN 200
[LSW1]interface Eth-Trunk 1                                     // 创建Eth-Trunk 1端口
[LSW1-Eth-Trunk1]trunkport GigabitEthernet 0/0/23 to 0/0/24     // 加入成员端口
[LSW1-Eth-Trunk1]port link-type trunk
[LSW1-Eth-Trunk1]port trunk allow-pass vlan 100 200
[LSW1-Eth-Trunk1]undo port trunk pvid vlan                      // 禁止本地VLAN 1数据转发
[LSW1-Eth-Trunk1]load-balance src-dst-mac                       // 配置负载均衡方式
[LSW1-Eth-Trunk1]quit
[LSW1]interface GigabitEthernet 0/0/1
[LSW1-GigabitEthernet0/0/1]port link-type access
[LSW1-GigabitEthernet0/0/1]port default vlan 100
[LSW1-GigabitEthernet0/0/1]quit
[LSW1]interface GigabitEthernet 0/0/2
[LSW1-GigabitEthernet0/0/2]port link-type access
[LSW1-GigabitEthernet0/0/2]port default vlan 200
[LSW1-GigabitEthernet0/0/2]quit
[LSW1]
```

（2）显示交换机LSW1、LSW2的配置信息。以交换机LSW1为例，主要相关实例代码如下。

```
< LSW1>display current-configuration
#
sysname LSW1
#
vlan batch 100 200
#
interface Eth-Trunk1
   port link-type trunk
   port trunk allow-pass vlan 100 200
   load-balance src-dst-mac
#
interface GigabitEthernet0/0/23
   eth-trunk 1
#
interface GigabitEthernet0/0/24
   eth-trunk 1
#
interface GigabitEthernet0/0/1
   port link-type access
   port default vlan 100
#
interface GigabitEthernet0/0/2
   port link-type access
   port default vlan 200
#
return
<LSW1>
```

（3）查看交换机LSW1、LSW2的配置结果。以交换机LSW1为例，使用display eth-trunk 1命令查看链路聚合结果，如图2.23所示。

（4）进行相关测试。交换机LSW1中VLAN 100的主机PC1访问交换机LSW2中VLAN 100的主机PC3时，可以访问，相关测试结果如图2.24所示。

图 2.23 手动模式的链路聚合结果　　图 2.24 主机 PC1 的相关测试结果

2.2.4 配置 LACP 模式的链路聚合

对交换机的 GE 0/0/23 端口与 GE 0/0/24 端口进行 LACP 模式的链路聚合，同时设置 GE 0/0/22 端口为备份链路端口，如图 2.25 所示。

微课

配置 LACP 模式的链路聚合

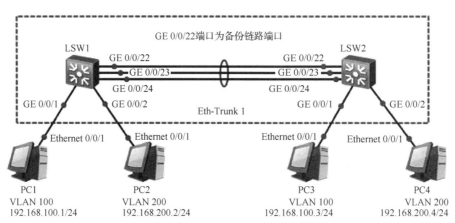

图 2.25 配置 LACP 模式的链路聚合

（1）配置交换机 LSW1、LSW2。以交换机 LSW1 为例，相关实例代码如下。

```
<Huawei>system-view
[Huawei]sysname LSW1
[LSW1]interface Eth-Trunk 1
[LSW1-Eth-Trunk1]mode lacp-static
[LSW1-Eth-Trunk1]max active-linknumber 2        // 限制最大聚合链路端口数为两个
[LSW1-Eth-Trunk1]quit
[LSW1]interface GigabitEthernet 0/0/23
[LSW1-GigabitEthernet0/0/23]eth-trunk 1          // 将成员端口加入 Eth-Trunk 1 端口
[LSW1-GigabitEthernet0/0/23]lacp priority 100    // 设置交换机端口 LACP 的优先级为 100
[LSW1-GigabitEthernet0/0/23]quit
[LSW1]interface GigabitEthernet 0/0/24
[LSW1-GigabitEthernet0/0/24]eth-trunk 1
[LSW1-GigabitEthernet0/0/24]lacp priority 100    // 设置交换机端口 LACP 的优先级为 100
[LSW1-GigabitEthernet0/0/24]quit
[LSW1]interface GigabitEthernet 0/0/22
[LSW1-GigabitEthernet0/0/22]eth-trunk 1
[LSW1-GigabitEthernet0/0/22]quit                 // 不改变端口优先级，使端口 GE 0/0/22 为备份链路端口
```

```
[LSW1]lacp priority 100              // 设置LACP的优先级为100，使交换机LSW1为主交换机
[LSW1]
```

（2）显示交换机LSW1、LSW2的配置信息。以交换机LSW1为例，主要相关实例代码如下。

```
<LSW1>display current-configuration
#
sysname LSW1
#
lacp priority 100
#
interface Eth-Trunk1
   mode lacp-static
   max active-linknumber 2
#
interface GigabitEthernet0/0/22
   eth-trunk 1
#
interface GigabitEthernet0/0/23
   eth-trunk 1
   lacp priority 100
#
interface GigabitEthernet0/0/24
   eth-trunk 1
   lacp priority 100
#
user-interface con 0
user-interface vty 0 4
#
return
<LSW1>
```

（3）查看交换机LSW1、LSW2的配置结果。以交换机LSW1为例，使用display eth-trunk 1命令查看链路聚合结果，如图2.26所示。

（4）进行相关测试。交换机LSW1中VLAN 200的主机PC2访问交换机LSW2中VLAN 200的主机PC4时，可以访问，相关测试结果如图2.27所示。

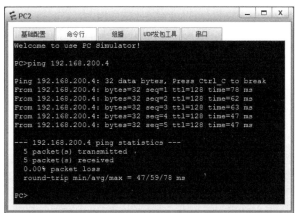

图2.26 LACP模式的链路聚合结果   图2.27 主机PC2的相关测试结果

项目练习题

1. 选择题

（1）华为交换机默认端口类型为（　　）。

A. shutdown　　　　　B. Access　　　　　C. Trunk　　　　　D. Hybrid

（2）关于 IEEE 802.1Q 帧格式，应通过（　　）给以太网帧打上 VLAN 标签。

A. 在以太网帧的源地址和长度/类型字段之间插入 4 字节的标签

B. 在以太网帧的前面插入 4 字节的标签

C. 在以太网帧的尾部插入 4 字节的标签

D. 在以太网帧的外部加入 IEEE 802.1Q 封装

（3）一个接入端口（　　）。

A. 最多属于 32 个 VLAN

B. 仅属于一个 VLAN

C. 最多属于 4094 个 VLAN

D. 可以属于的 VLAN 数量依据网络管理员配置结果而定

（4）华为交换机最多有（　　）个端口可以进行链路聚合。

A. 2　　　　　　　　B. 4　　　　　　　　C. 8　　　　　　　　D. 16

2. 简答题

（1）简述划分 VLAN 的优点。

（2）华为交换机的端口类型有哪几种？

（3）如何实现 VLAN 间通信？可以使用哪几种方法？

项目3
局域网冗余技术

教学目标
- 了解STP、RSTP及其环路形成的原因；
- 理解STP、RSTP的工作原理；
- 掌握STP、RSTP的配置方法。

素质目标
- 培养动手实践能力和解决工作中实际问题的能力，树立爱岗敬业精神；
- 增强团队互助、进取合作的意识；
- 培养交流沟通、独立思考及逻辑思维能力。

任务 3.1　STP 配置

小李是公司的网络工程师。随着业务的不断发展，公司越来越离不开网络。为了保证网络的可靠性与稳定性，避免出现单点故障，公司准备为网络配置冗余链路，配置生成树协议，以形成双核心备份网络接入互联网。冗余链路可能会造成交换机之间形成物理环路，从而引发广播风暴，严重影响网络性能，甚至导致网络瘫痪。那么小李该如何实现公司网络冗余呢？

知识准备

3.1.1 STP 概述

在传统的网络中，网络设备之间通过单条链路进行通信。随着网络技术的发展，越来越多的交换机被用来实现主机之间的互联。如果交换机之间仅使用一条链路互联，则可能会出现单点故障，导致业务中断。为了解决此类问题，交换机在互联时一般会使用冗余链路来实现备份。冗余链路虽然增强了网络的可靠性，但是会产生环路（见图3.1），而环路会带来一系列问题，如可能会导致广播风暴及 MAC 地址表不稳定等问题。因此，冗余链路可能会给交换网络带来环路的风险，进而影响用户的使用，甚至可能会产生通信质量下降和通信业务中断等问题。

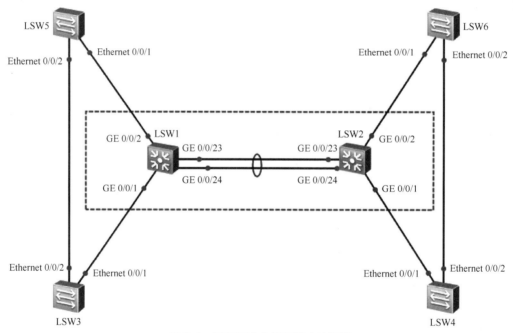

图 3.1 二层冗余交换网络中的环路

生成树协议（Spanning Tree Protocol，STP）是拉迪亚·珀尔曼（Radia Perlman）在美国 DEC 公司工作时发明的一种算法，被纳入 IEEE 802.1D 中。STP 的特点如下。

（1）STP 提供一种控制环路的方法，采用这种方法，在连接发生问题的时候，用户控制的以太网能够绕过出现故障的连接。

（2）生成树中的根桥是一个逻辑的中心，用于监视整个网络的通信，最好不要让设备自动选择以哪一个网桥为根桥。

（3）STP 的重新计算是烦琐的。正确地配置主机端口连接，可以避免重新计算。

（4）STP 可以有效地抑制广播风暴，可使网络的稳定性、可靠性、安全性大大增强。

3.1.2 二层环路带来的问题

网络设备二层环路可能带来两类问题,一是广播风暴,二是 MAC 地址表不稳定。

1. 广播风暴

根据交换机的转发原则,在默认情况下,交换机对网络中生成的广播帧不进行过滤。如果交换机从一个端口上接收到的是一个广播帧,或者是一个目的 MAC 地址未知的单播帧,则会将这个帧向除源端口之外的所有其他端口转发。如果交换网络中有环路,则这个帧就会被无限转发,此时便会形成广播风暴,网络中也会充斥着重复的数据帧。

如图 3.2 所示,主机 PC1 向外发送了一个单播帧,假设此单播帧的目的 MAC 地址在网络中所有交换机的 MAC 地址表中都暂时不存在,交换机 LSW1 接收到此帧后,将其转发到交换机 LSW2 和交换机 LSW3,交换机 LSW2 和交换机 LSW3 也会将此帧转发到除了接收此帧的其他所有端口,结果此帧又会被再次转发给交换机 LSW1,这种循环会一直持续,于是产生了广播风暴,交换机性能会因此急速下降,并会导致业务中断。

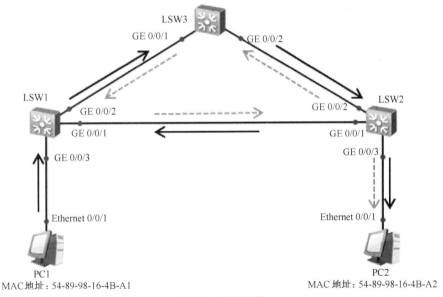

图 3.2 广播风暴

2. MAC 地址表不稳定

MAC 地址表不稳定是指一个帧的副本被一台交换机的两个不同端口接收,这会造成设备反复刷新 MAC 地址表。如果交换机将资源都消耗在复制不稳定的 MAC 地址表上,则其数据转发功能会减弱。

交换机是根据接收到的数据帧的源地址和接收端口生成 MAC 地址表项的。若主机 PC1 向外发送一个单播帧,假设此单播帧的目的 MAC 地址在网络中所有交换机的 MAC 地址表中都暂时不存在,交换机 LSW1 收到此数据帧之后,在 MAC 地址表中生成一个 MAC 地址表项

（54-89-98-16-4B-A1），对应端口为 GE 0/0/3，并将其从 GE 0/0/1 和 GE 0/0/2 端口转发出去。本例仅以交换机 LSW1 从 GE 0/0/2 端口转发此帧进行说明。当交换机 LSW3 接收到此帧后，由于 MAC 地址表中没有对应此帧目的 MAC 地址的表项，因此交换机 LSW3 会将此帧从 GE 0/0/2 端口转发出去。交换机 LSW2 接收到此帧后，由于 MAC 地址表中也没有对应此帧目的 MAC 地址的表项，因此交换机 LSW2 会将此帧从 GE 0/0/1 端口发送回交换机 LSW1，还会将其发给主机 PC2。交换机 LSW1 从 GE 0/0/1 端口接收到此数据帧之后，会在 MAC 地址表中删除原有的相关表项，生成一个新的 MAC 地址表项（54-89-98-16-4B-A1），对应端口为 GE 0/0/1。此过程会不断重复，从而导致 MAC 地址表不稳定，如图 3.3 所示。

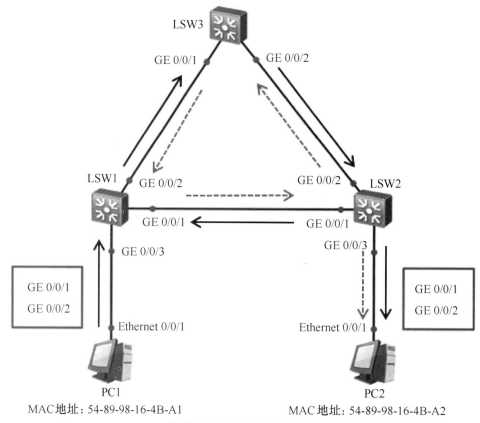

图 3.3　MAC 地址表不稳定

3.1.3　STP 基本概念

在以太网中，二层网络的环路会带来广播风暴、MAC 地址表不稳定、数据帧重复等问题。交换网络中的环路问题可用 STP 来解决。

STP 用于在局域网中消除数据链路层的物理环路。运行该协议的设备通过彼此的交互信息发现网络中的环路，并有选择地对某些端口进行阻塞，最终将环路网络结构修剪成无环路的树形网络结构，从而防止报文在环路网络中不断增生和无限循环，避免设备重复接收相同的报文而使报文处理能力下降。

STP采用的协议报文是桥协议数据单元（Bridge Protocol Data Unit，BPDU），也称为配置消息，是一种STP问候数据包，它可以被间隔地发出，用来在网络的网桥间进行信息交换。BPDU是运行STP的交换机之间交换的消息帧。BPDU包含STP所需的路径和优先级信息，STP利用这些信息来确定根桥及到根桥的路径。BPDU包含足够的信息来保证设备完成生成树的计算过程。STP通过在设备之间传递BPDU来确定网络的拓扑结构。

STP的主要作用如下。

（1）消除环路：通过阻断冗余链路来消除网络中可能存在的环路。

（2）链路备份：当活动路径发生故障时，激活备份链路，以便及时恢复网络。

STP掌管着端口的转发大权。特别是和其他协议一起运行的时候，STP有可能阻断其他协议的报文通路，造成种种奇怪的现象。STP和其他协议一样，是随着网络的发展而更新换代的。STP在发展过程中，其缺陷越来越少，不断有新的特性被开发出来。

STP的工作过程如下。首先，进行根桥的选择，在一个网络中，桥ID最小的网桥将变成根桥，整个生成树网络中只有一个根桥，根桥的主要职责是定期发送配置信息，这种配置信息将会被所有的指定桥发送，这在生成树网络中是一种机制。其次，一旦网络结构发生变化，网络状态将被重新配置，其依据是网桥优先级（Bridge Priority）和MAC地址组合生成的桥ID。最后，在此基础上计算每个节点到根桥的路径，并由这些路径得到各冗余链路的开销，选择开销最小的作为通信路径（相应的端口状态变为Forwarding），其他的就作为备份路径（相应的端口状态变为Blocking）。

STP生成过程中的通信任务由BPDU完成，BPDU又分为包含配置信息的配置BPDU（Configuration BPDU，其大小不超过35B）和包含拓扑变化信息的拓扑更改通知（Topology Change Notification，TCN）BPDU（其长度不超过4B）。

1. BPDU

STP是一种桥嵌套协议，可以用来消除桥回路。它的工作原理如下：STP定义了一个数据包，叫作BPDU，网桥用BPDU来实现相互通信，并用BPDU的相关功能来动态选择根桥和备份桥，但是因为从中心桥到任何网段都只有一条路径，所以桥回路被消除。

要实现生成树的功能，交换机之间通过传递BPDU报文来实现信息交互，所有支持STP的交换机都会接收并处理收到的报文，该报文在数据区中携带了用于进行生成树计算的所有有用信息。当一个网桥变为活动网桥时，它的每个端口都会每2s发送一个BPDU。然而，如果一个端口收到另外一个网桥发送过来的BPDU，且这个BPDU比它正在发送的BPDU更优，则本地端口会停止发送BPDU。如果在一段时间（默认为20s）后它不再接收到更优的BPDU，则本地端口会再次发送BPDU。

BPDU字段说明如表3.1所示。

表 3.1　BPDU 字段说明

字段	字节数	说明
Protocol Identifier	2	协议 ID。该值总为 0
Protocol Version	1	协议版本。STP（IEEE 802.1D）传统生成树，值为 0；RSTP（IEEE 802.1w）快速生成树，值为 2；MSTP（IEEE 802.1s）多生成树，值为 3
Message Type	1	消息类型。指示当前 BPDU 的消息类型。0x00 为配置 BPDU，负责建立、维护 STP 拓扑；0x80 为 TCN BPDU，负责传达拓扑变更信息
Flags	1	标志。最低位 = 拓扑变化（Topology Change，TC）标志，最高位 = 拓扑变化确认（Topology Change Acknowledgement，TCA）标志
Root Identifier	8	根 ID。指示当前根桥的 RID，即"根 ID"，由 2 字节的桥优先级和 6 字节的 MAC 地址构成
Root Path Cost	4	根路径开销。指示发送该 BPDU 报文的端口累积到根桥的开销
Bridge Identifier	8	桥 ID。指示发送该 BPDU 报文的交换设备的 BID，即"发送者 BID"，也由 2 字节的桥优先级和 6 字节的 MAC 地址构成
Port Identifier	2	端口 ID。指示发送该 BPDU 报文的端口 ID，即"发送端口 ID"
Message Age	2	消息生存时间。指示该 BPDU 报文的生存时间，即端口保存 BPDU 的最长时间，过期后会将其删除，要在这个生存时间内转发才有效。如果配置 BPDU 是直接来自根桥的，则 Message Age 为 0；如果是其他桥转发的，则 Message Age 是从根桥发送到当前桥接收到 BPDU 的总时间，包括传输时延等。在实际使用中，配置 BPDU 报文每经过一个桥，Message Age 增加 1
Max Age	2	最大生存时间。指示 BPDU 消息的最大生存时间，即老化时间
Hello Time	2	Hello 消息定时器。指示发送两个相邻 BPDU 的时间间隔，根桥通过不断发送 STP 维持自己的地位，Hello Time 发送的是间隔时间，默认时间为 2s
Forward Delay	2	转发时延。指示控制 Listening（侦听状态）和 Learning（学习状态）的持续时间，表示在拓扑结构改变后，交换机在发送数据包前维持在侦听状态和学习状态的时间

为了计算生成树，交换机之间需要交换相关的信息和参数，这些信息和参数被封装在 BPDU 中。前面讲过 BPDU 有两种类型，分别为配置 BPDU 和 TCN BPDU，下面对其进行详细介绍。

（1）配置 BPDU 包含桥 ID、路径开销和端口 ID 等参数。STP 通过在交换机之间传递配置 BPDU 来选择根交换机，以及确定每个交换机端口的角色和状态。在初始化过程中，每个桥都会主动发送配置 BPDU。在网络拓扑结构稳定以后，只有根桥会主动发送配置 BPDU，其他交换机只有在收到上游传来的配置 BPDU 后才会发送自己的配置 BPDU。

配置 BPDU 中包含足够的信息来保证设备完成生成树计算，其中的重要信息如下。

根桥 ID：由根桥的优先级和 MAC 地址组成，每个 STP 网络中有且仅有一个根桥。

根路径开销：到根桥的最短路径开销。

指定桥 ID：由指定桥的优先级和 MAC 地址组成。

指定端口 ID：由指定端口的优先级和端口号组成。

Message Age：配置 BPDU 在网络中传播的生存时间。

Max Age：配置 BPDU 在设备中的最大生存时间。

Hello Time：配置 BPDU 发送的周期。

（2）TCN BPDU 是指下游交换机感知到拓扑发生变化时向上游发送的拓扑变化通知。

2. 桥 ID

桥 ID 共 8 字节，即网桥优先级（2 字节）+ 网桥的 MAC 地址（6 字节）。其取值为 0 ～ 65535，默认值为 32768。

3. 根桥

根据桥 ID 选择根桥，桥 ID 最小的将成为根桥。先比较网桥优先级，优先级较低者成为根桥；如果优先级相等，则比较 MAC 地址，MAC 地址较小者成为根桥。可以通过使用 display stp 命令来查看网络中的根桥。

交换机启动后就自动开始进行生成树收敛计算。默认情况下，所有交换机启动时都认为自己是根桥，自己的所有端口都为指定端口，这样 BPDU 报文就可以通过所有端口转发。对端交换机收到 BPDU 报文后，会比较 BPDU 中的根桥 ID 和自己的桥 ID。如果收到的 BPDU 报文中的桥 ID 优先级更低，则接收 BPDU 报文的交换机会继续通告自己的配置 BPDU 报文给邻居交换机。如果收到的 BPDU 报文中的桥 ID 优先级更高，则交换机会修改自己的 BPDU 报文的根桥 ID 字段，成为新的根桥。由于交换机默认优先级均为 32768，交换机 LSW1 的 MAC 地址最小，所以最终选择交换机 LSW1 为根交换机，如图 3.4 所示。如果生成树网络中根桥发生了故障，则其他交换机中优先级最高的交换机会被选为新的根桥；如果原来的根桥再次激活，则网络又会根据桥 ID 来重新选择新的根桥。

4. 端口 ID

运行 STP 交换机的每个端口都有一个端口 ID（Port ID），端口 ID 由端口优

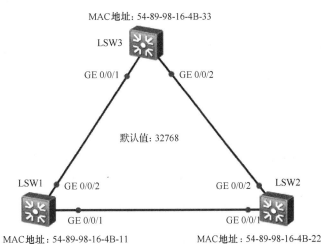

图 3.4 根桥选择

先级和端口号构成。端口优先级的取值是 0 ～ 240，步长为 16，即取值必须为 16 的整数倍。默认情况下，端口优先级是 128。端口 ID 可以用来确定端口角色。

5. 端口开销与路径开销

交换机的每个端口都有一个端口开销（Port Cost）参数，此参数表示该端口在 STP 中的开销。默认情况下，端口的开销和端口的带宽有关，带宽越大，开销越小。从一个非根桥到达根桥的路径可能有多条，每一条路径都有一个总的开销，此开销是该路径上所有接收 BPDU 端口（BPDU 的入方向端口）的开销总和，称为路径开销。非根桥通过对比多条路径的路径开销，选出到达根桥的最短路径，这条最短路径的路径开销被称为根路径开销（Root Path Cost，RPC），并生成无环树状网络，根桥的根路径开销是 0。一般情况下，交换机支持多种 STP 的路径开销计算标准，提供最大限度地兼容性。默认情况下，华为 X7 系列交换机使用 IEEE 802.1t 标准来计算路径开销。根路径开销是到根桥的路径的总开销，而端口开销指的是交换机某个端口的开销。

6. 端口角色

STP 通过构造一棵树来消除交换网络中的环路。每个 STP 网络中都存在一个根桥，其他交换机为非根桥。根桥或者说根交换机位于整个逻辑树的根部，是 STP 网络的逻辑中心，非根桥是根桥的下游设备。当现有根桥发生故障时，非根桥之间会交互信息并重新选择根桥，交互的信息被称为 BPDU。BPDU 包含交换机在参加生成树计算时的各种参数信息，前文已经对此进行了详细介绍。

STP 中定义了 3 种端口角色：根端口（Root Port）、指定端口（Designated Port）和替代端口（Alternate Port）。

（1）根端口

每个非根桥都要选择一个根端口。根端口是距离根桥最近的端口，这个"最近"的衡量标准是路径开销，即路径开销最小的端口就是根端口。端口收到一个 BPDU 报文后，抽取该 BPDU 报文中根路径开销字段的值，加上该端口本身的端口开销，即为本端口的路径开销。如果有两个或两个以上的端口计算得到的累计路径开销相同，那么选择收到发送者桥 ID 最小的那个端口为根端口。

如果两个或两个以上的端口连接到了同一台交换机上，则选择发送者端口 ID 最小的那个端口作为根端口。如果两个或两个以上的端口通过集线器（Hub）连接到了同一台交换机的同一个端口上，则选择本交换机的这些端口中端口 ID 最小的为根端口。

根端口是非根交换机去往根桥路径最优的端口，处于转发状态。一个运行 STP 的交换机上最多只有一个根端口，但根桥上没有根端口。选择根端口的依据条件排序如下。

① 累计路径开销最小。

② 发送网桥 ID 最小。

③ 发送端口 ID 最小。

（2）指定端口

在网段上抑制其他端口（无论是自己的还是其他设备的端口）发送 BPDU 报文的端口即为该网段的指定端口。每个网段都应该有一个指定端口，根桥的所有端口都是指定端口（除非根桥在物理上存在环路）。指定端口的选择也是先比较累计路径开销，累计路径开销最小的端口就是指定端口。如果累计路径开销相同，则比较端口所在交换机的桥 ID，所在桥 ID 最小的端口为指定端口。如果通过累计路径开销和所在桥 ID 无法选出指定端口，则比较端口 ID，端口 ID 最小的为指定端口。

网络收敛后，只有指定端口和根端口可以转发数据。其他端口为预备端口，被阻塞，不能转发数据，只能够从所联网段的指定交换机处接收到 BPDU 报文，并以此来监视链路的状态。指定端口是交换机向所联网段转发配置 BPDU 的端口，每个网段有且只能有一个指定端口，用于转发所联网段的数据。一般情况下，根桥的每个端口总是指定端口。选择指定端口的依据条件排序如下。

① 累计路径开销最小。

② 所在交换机的网桥 ID 最小。

③ 发送端口 ID 最小。

（3）替代端口

如果一个端口既不是指定端口又不是根端口，则此端口为替代端口。替代端口将被阻塞，不向所联网段转发任何数据。只有当主链路发生故障时，才会启用备份链路，开启替代端口来替代根端口，以保障网络通信正常。

由于交换机 LSW1 为根交换机，所以交换机 LSW1 的端口 GE 0/0/1 与端口 GE 0/0/2 被选为指定端口；交换机 LSW2 的端口 GE 0/0/1 被选为根端口，端口 GE 0/0/2 被选为指定端口；交换机 LSW3 的端口 GE 0/0/1 被选为根端口，端口 GE 0/0/2 被选为预备端口，如图 3.5 所示。交换机 LSW2 与交换机 LSW3 之间的这条链路在逻辑上处于断开状态，这样就将交换环路变成了逻辑上的无环拓扑结构。只有当主链路发生故障时，才会启用备份链路。

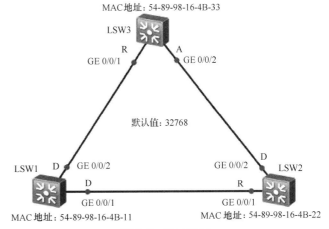

图 3.5 端口选择

7. 端口状态

STP 端口有 5 种工作状态，具体情况如下。

① Blocking（阻塞状态）。此时，二层端口为非指定端口，不会参与数据帧的转发。该端口通过接收 BPDU 来判断根交换机的位置和根 ID，以及在 STP 拓扑收敛结束之后，各交换机端口应该处于什么状态。在默认情况下，端口会在这种状态下停留 20s。

② Listening（侦听状态）。生成树此时已经根据交换机接收到的 BPDU 判断出了这个端口应该参与数据帧的转发。于是交换机端口将不再满足于接收 BPDU，而开始发送自己的 BPDU，并以此通告邻接的交换机该端口会在活动拓扑中参与转发数据帧的工作。在默认情况下，端口会在这种状态下停留 15s。

③ Learning（学习状态）。处于这种状态的二层端口准备参与数据帧的转发，并开始填写 MAC 地址表。在默认情况下，端口会在这种状态下停留 15s。

④ Forwarding（转发状态）。处于这种状态的二层端口已经成为活动拓扑的一个组成部分，它会转发数据帧，并收发 BPDU。

⑤ Disabled（禁用状态）。处于这种状态的二层端口不会参与生成树，也不会转发数据帧。

STP 端口状态及其功能描述如表 3.2 所示。

表 3.2　STP 端口状态及其功能描述

端口状态	功能描述
Blocking	不接收或者转发数据，接收但不发送 BPDU，不进行地址学习
Listening	不接收或者转发数据，接收并发送 BPDU，不进行地址学习
Learning	不接收或者转发数据，接收并发送 BPDU，开始进行地址学习
Forwarding	接收或者转发数据，接收并发送 BPDU，进行地址学习
Disabled	不收发任何报文

8. STP 拓扑变化

在稳定的 STP 拓扑中，非根桥会定期收到来自根桥的 BPDU 报文。如果根桥发生了故障，停止发送 BPDU 报文，则下游交换机无法收到来自根桥的 BPDU 报文。如果下游交换机一直收不到 BPDU 报文，Max Age 定时器就会超时（Max Age 的默认值为 20s），导致已经收到的 BPDU 报文失效。此时，非根交换机会互相发送配置 BPDU 报文，重新选择新的根桥。根桥出现故障后需要 50s 左右的恢复时间，恢复时间约等于 Max Age 加上两倍的转发时延。

在交换网络中，交换机依赖 MAC 地址表转发数据帧。默认情况下，MAC 地址表项的老化时间是 300s。如果生成树拓扑发生变化，则交换机转发数据的路径也会随之发生改变，此时 MAC 地址表中未及时老化的表项会导致数据转发出错，因此在拓扑发生变化后需要及时更新 MAC 地址表项。

拓扑变化过程中，根桥通过 TCN BPDU 报文获知生成树拓扑发生了故障。根桥生成 TC 来通知其他交换机加速老化现有的 MAC 地址表项。STP 拓扑变化如图 3.6 所示。

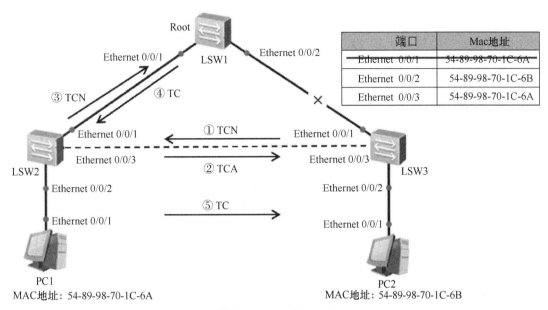

图 3.6　STP 拓扑变化

拓扑变化和 MAC 地址表项更新的具体过程如下。

（1）交换机 LSW3 感知到网络拓扑发生变化后，会不间断地向交换机 LSW2 发送 TCN BPDU 报文。

（2）交换机 LSW2 收到交换机 LSW3 发来的 TCN BPDU 报文后，会把配置 BPDU 报文中标志的 TCA 位设置为 1，并发送给交换机 LSW3，告知交换机 LSW3 停止发送 TCN BPDU 报文。

（3）交换机 LSW2 向根交换机 LSW1 转发 TCN BPDU 报文。

（4）根交换机 LSW1 把配置 BPDU 报文中标志的 TC 位设置为 1 并将其发送出去，通知下游设备把 MAC 地址表项的老化时间由默认的 300s 修改为转发时延（默认为 15s）。

（5）最多等待 15s，交换机 LSW3 中的错误 MAC 地址表项会被自动清除。此后，交换机 LSW3 就能重新开始进行 MAC 地址表项的学习及转发操作。

任务实施

华为 X7 系列交换机支持 3 种 STP 模式。stp mode { mstp | stp | rstp } 命令用来配置交换机的 STP 模式。默认情况下，华为 X7 系列交换机工作在 MSTP 模式下。在使用 STP 前，必须重新配置 STP 模式。

（1）配置 STP，进行网络拓扑连接，交换机进行默认选择，如图 3.7 所示。

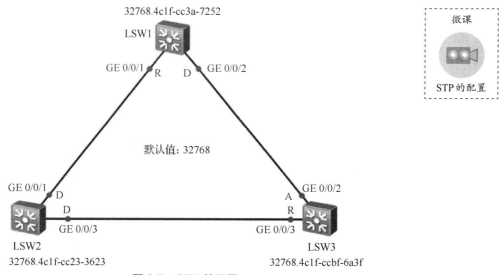

图 3.7　STP 的配置

（2）在交换机 LSW2 上查看当前 STP 的运行状态。使用 display stp 命令可以看到交换机 LSW2 被选为根桥，如图 3.8 所示。

图 3.8　交换机 LSW2 的当前 STP 运行状态

（3）在交换机 LSW1 上查看当前 STP 的运行状态。使用 display stp 命令可以看到交换机 LSW1 被选为非根桥，如图 3.9 所示。

图 3.9 交换机 LSW1 的当前 STP 运行状态

（4）查看各交换机的 STP 的运行状态。使用 display stp brief 命令可以看到各交换机的当前 STP 端口角色及端口状态，如图 3.10 所示，可以看出交换机 LSW2 为根交换机。

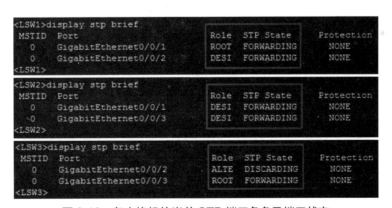

图 3.10 各交换机的当前 STP 端口角色及端口状态

（5）配置交换机 LSW1，使之成为根桥，设置交换机优先级、路径开销，相关实例代码如下。

```
<Huawei>system-view
[Huawei]sysname LSW1
[LSW1]stp mode stp                          // 配置 STP 类型
[LSW1]stp priority 4096                     // 配置生成树优先级
[LSW1]stp pathcost-standard dot1t           // 配置路径开销标准
[LSW1]interface GigabitEthernet0/0/1
```

```
[LSW1-GigabitEthernet0/0/1]stp cost 100      // 配置路径开销
[LSW1-GigabitEthernet0/0/1]quit
[LSW1]
```

华为 X7 系列交换机支持 3 种路径开销标准，以确保和其他厂商的设备兼容。默认情况下，路径开销标准为 IEEE 802.1t。stp pathcost-standard { dot1d-1998 | dot1t | legacy } 命令用来配置指定交换机上路径开销的标准。每个端口的路径开销也可以手动指定，此 STP 路径开销控制方法须谨慎使用，因为手动指定端口的路径开销可能会生成次优生成树拓扑。使用 stp cost 命令时，cost 的取值取决于路径开销计算方法，有以下几种情况。

① 使用华为的私有计算方法时，cost 的取值是 1 ～ 200000。

② 使用 IEEE 802.1D 标准方法时，cost 的取值是 1 ～ 65535。

③ 使用 IEEE 802.1t 标准方法时，cost 的取值是 1 ～ 200000000。

（6）查看交换机 LSW1 的 STP 运行状态，如图 3.11 所示。

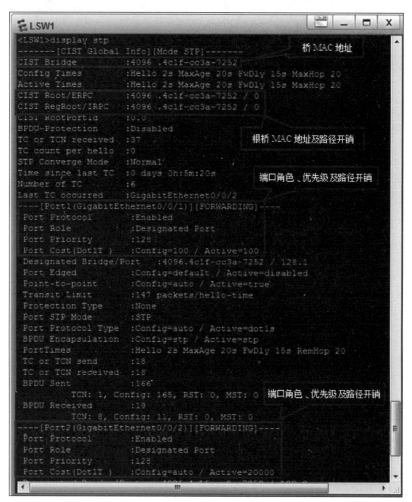

图 3.11　配置交换机优先级及路径开销后，交换机 LSW1 的 STP 运行状态

（7）进行相关配置后，查看 STP 的运行状态。使用 display stp brief 命令可以看到各交换机的 STP 端口角色及端口状态，如图 3.12 所示，可以看出交换机 LSW1 变为根交换机。

图 3.12 配置后各交换机的 STP 端口角色及端口状态

任务 3.2 RSTP 配置

公司网络运行一段时间后，作为公司的网络工程师，小李发现网络的收敛时间有一些长，需要 1min 左右。于是小李决定配置 RSTP 来缩短网络的收敛时间，那么小李该如何实现公司网络的冗余呢？

3.2.1 RSTP 概述

2001 年，IEEE 推出了快速生成树协议（Rapid Spanning Tree Protocol，RSTP），在网络结构发生变化时，它能比 STP 更快地收敛网络，还引进了端口角色来完善收敛机制。RSTP 被纳入 IEEE 802.1w 中，它是工作在开放系统互连（Open Systems Interconnection，OSI）参考模型中第二层（数据链路层）的通信协议，基本应用是防止交换机冗余链路产生环路，用于确保以太网中无环路的逻辑拓扑结构，从而避免广播风暴大量占用交换机资源的情况出现。它通过有选择地阻塞网络冗余链路来达到消除网络二层环路的目的，同时具备链路的备份功能。

STP 由 IEEE 802.1D 定义，RSTP 由 IEEE 802.1w 定义。IEEE 802.1w 规定 RSTP 的收敛时间可达到 1s，而 IEEE 802.1D 规定 SPT 的收敛时间大约为 50s，因此，RSTP 在网络结构发生变化时，能更快地收敛网络。它比 STP 多了一种端口角色——备份端口（Backup Port），可用作指定端口的备份。RSTP 是由 STP 发展而来的，它们的实现思想基本一致，但 RSTP 可进一步解决网络临时失去连通性的问题。RSTP 规定在某些情况下，处于 Blocking 状态的端口不必经历两倍的转发时延而可以直接进入转发状态。例如，网络边缘端口（直

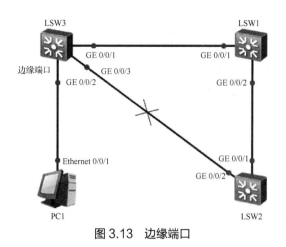

图 3.13 边缘端口

接与终端相连的端口）不接收配置 BPDU 报文，不参与 RSTP 运算，可以由 Disabled 状态直接转到 Forwarding 状态，不需要任何时延，如图 3.13 所示。但是，一旦边缘端口收到配置 BPDU 报文，就会丧失边缘端口属性，成为普通 STP 端口，并重新进行生成树计算；或者当网桥旧的根端口已经进入 Blocking 状态，且新的根端口连接的对端网桥的指定端口仍处于 Forwarding 状态时，新的根端口可以立即进入 Forwarding 状态。

在图 3.13 中，配置交换机 LSW3 的边缘端口，相关实例代码如下。

```
<Huawei>system-view
[Huawei]sysname LSW3
[LSW3]interface GigabitEthernet0/0/2
[LSW3-GigabitEthernet0/0/2]stp edged-port enable      // 配置为边缘端口
[LSW3-GigabitEthernet0/0/2]quit
[LSW3]
```

3.2.2 RSTP 基本概念

STP 能够提供无环网络，但是收敛速度较慢。如果 STP 网络的拓扑结构频繁变化，那么网络也会随之频繁地失去连通性，从而导致用户通信频繁中断。RSTP 使用 Proposal/Agreement（P/A）机制保证链路间能及时协商，从而有效避免收敛计时器在生成树收敛前超时。运行 RSTP 的交换机使用两个不同的端口角色来实现网络的冗余。当到根桥的当前路径发生故障时，作为根端口的备份端口，替代端口提供了从交换机到根桥的另一条可切换路径。作为指定端口的备份，备份端口提供了另一条从根桥到相应局域网网段的备份路径。当一台交换机和一台共享媒介设备（如 Hub）建立了两个或者多个连接时，可以使用备份端口；同样，当交换机有两个或者多个端口和同一个局域网网段连接时，也可以使用备份端口。

1. RSTP 收敛过程

RSTP 收敛遵循 STP 基本原理。网络初始化时，网络中所有的 RSTP 交换机都认为自己是根桥，并设置每个端口为指定端口。此时，端口处于 Discarding 状态。每个认为自己是根桥的交换机都会生成一个 RST BPDU 报文来协商指定网段的端口状态，此 RST BPDU 报文标志字段中的 Proposal 位需要置位。当一个端口接收到 RST BPDU 报文时，此端口会比较接收到的 RST BPDU 报文和本地的 RST BPDU 报文。如果本地的 RST BPDU 报文优于接收到的 RST BPDU 报文，则端口会丢弃接收到的 RST BPDU 报文，并发送 Proposal 置位的本地 RST BPDU 报文来回复对端设备。

交换机使用同步机制来实现端口角色的协商管理。当收到 Proposal 置位且优先级高的

BPDU 报文时，接收交换机必须设置所有下游指定端口为 Discarding 状态。如果下游端口是替代端口或者边缘端口，则端口状态保持不变。当确认下游指定端口迁移到 Discarding 状态后，相关设备发送 RST BPDU 报文回复上游交换机发送的 Proposal 消息。在此过程中，端口已经确认为根端口，因此 RST BPDU 报文标志字段中设置了 Agreement 标记位和根端口角色。在 P/A 进程的最后阶段，上游交换机收到 Agreement 置位的 RST BPDU 报文后，指定端口立即从 Discarding 状态迁移到 Forwarding 状态；此后，下游网段开始使用同样的 P/A 进程协商端口角色。在 RSTP 中，如果交换机的端口连续 3 次在 Hello 消息定时器规定的时间间隔内都没有收到上游交换机发送的 RST BPDU 报文，则会确认本端口与对端端口通信失败，从而需要重新进行 RSTP 的计算来确定交换机及端口角色。

RSTP 是可以与 STP 实现兼容的，但在实际操作中不推荐这样做，原因是 RSTP 会失去其快速收敛的优势，而 STP 慢速收敛的缺点会暴露出来。当同一个网段中既有运行 STP 的交换机又有运行 RSTP 的交换机时，STP 交换机会忽略接收到的 RST BPDU 报文；而当 RSTP 交换机在某端口上接收到 STP BPDU 报文时，会等待两倍 Hello 消息定时器规定的时间间隔，并把自己的端口转换到 STP 工作模式，此后便发送 STP BPDU 报文，这样就实现了兼容。

2. 端口角色

如图 3.14 所示，RSTP 根据端口在活动拓扑中的作用，定义了 5 种端口角色：根端口、指定端口、替代端口、备份端口和禁用端口（Disabled Port）。生成树算法（Spanning Tree Algorithm，STA）使用 BPDU 来决定端口角色，也是通过比较端口中保存的 BPDU 来确定其优先级的。

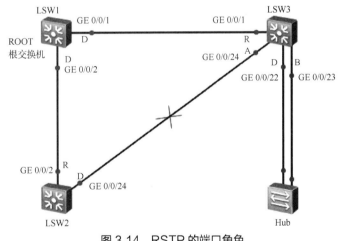

图 3.14 RSTP 的端口角色

（1）根端口

非根桥收到最优的 BPDU 配置信息的端口为根端口，即到根桥路径开销最小的端口，这一点和 STP 一样。

（2）指定端口

与 STP 一样，每个以太网网段内必须有一个指定端口。

（3）替代端口

替代端口是根端口的备份，当根端口发生故障时，替代端口将成为根端口。

（4）备份端口

备份端口是指端口的备份。当两个端口被一条点对点链路的一个环路连接在一起时，或者当一台交换机有两个或多个到共享局域网网段的连接时，备份端口才能存在，当指定端口发生故障后，备份端口将成为指定端口。

（5）禁用端口

该端口在RSTP应用的网络运行中不担当任何角色。

3．端口状态

STP定义了5种不同的端口状态：Disabled、Blocking、Listening、Learning和Forwarding。从操作上看，Blocking状态和Listening状态没有区别，都是丢弃数据帧且不学习MAC地址。在Forwarding状态下，无法知道该端口是根端口还是指定端口。

RSTP只定义了3种端口状态：Discarding、Learning和Forwarding。IEEE 802.1D中的禁用端口、侦听端口、阻塞端口在IEEE 802.1w中统一合并为禁用端口。

RSTP端口状态及其功能描述如表3.3所示。

表3.3　RSTP端口状态及其功能描述

端口状态	功能描述
Discarding	端口既不转发用户流量又不学习MAC地址，不收发任何报文
Learning	不接收或者转发数据，接收并发送BPDU，开始进行地址学习
Forwarding	接收或者转发数据，接收并发送BPDU，进行地址学习

任务实施

（1）配置RSTP，进行网络拓扑连接，如图3.15所示。

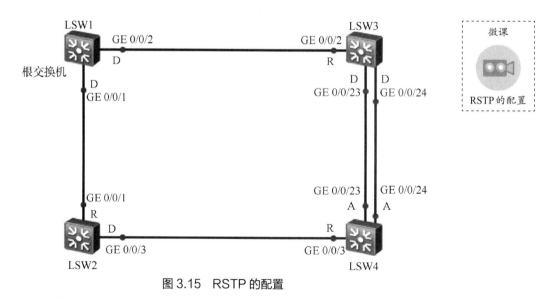

图3.15　RSTP的配置

（2）配置交换机 LSW1，使之成为根桥，设置交换机优先级、路径开销（其他交换机的配置与交换机 LSW1 相似，此处不赘述），相关实例代码如下。

```
<Huawei>system-view
Enter system view, return user view with Ctrl+Z.
[Huawei]sysname LSW1
[LSW1]stp mode rstp                             //配置 RSTP 类型
[LSW1]stp priority 4096                         //配置生成树优先级
[LSW1]stp pathcost-standard dot1t               //配置路径开销标准
[LSW1]interface GigabitEthernet0/0/1
[LSW1-GigabitEthernet0/0/1]stp cost 100         //配置路径开销
[LSW1-GigabitEthernet0/0/1]stp port priority 16 //配置端口优先级
[LSW1-GigabitEthernet0/0/1]quit
[LSW1]
```

（3）查看 RSTP 的运行状态。使用 display stp brief 命令可以看到配置后的各交换机 RSTP 端口角色及端口状态，如图 3.16 所示，可以看出交换机 LSW1 为根交换机。

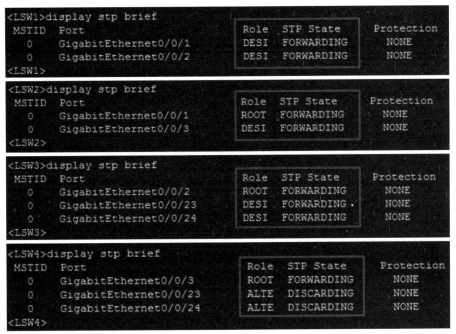

图 3.16　配置后的各交换机 RSTP 端口角色及端口状态

项目练习题

1. 选择题

（1）在 STP 中，交换机的默认优先级为（　　）。

　　A. 65535　　　　　　B. 32768　　　　　　C. 8192　　　　　　D. 4096

（2）在 STP 中，交换机端口的默认优先级为（　　）。

　　A. 16　　　　　　　B. 32　　　　　　　　C. 64　　　　　　　D. 128

（3）下列（　　）不是 STP 定义的端口角色。

A. 根端口　　　　　　B. 指定端口　　　　　C. 替代端口　　　　　D. 备份端口

（4）RSTP 定义了（　　）种端口状态。

A. 2　　　　　　　　B. 3　　　　　　　　C. 4　　　　　　　　D. 5

（5）在 STP 中，处于（　　）状态的端口的功能为不接收或者转发数据，接收并发送 BPDU，开始进行地址学习。

A. Blocking　　　　　B. Listening　　　　　C. Learning　　　　　D. Forwarding

2. 简答题

（1）简述 STP 的主要作用及缺点。

（2）STP 有几种端口角色，几种端口状态？

（3）RSTP 有几种端口角色，几种端口状态？

项目4
网络间路由互联

教学目标

- 理解路由的定义；
- 掌握静态路由与默认路由的配置方法及应用场合；
- 理解RIP路由的基本概念及RIP路由的工作原理；
- 理解RIP路由环路及RIP防止路由的环路机制；
- 掌握RIP动态路由的配置方法；
- 理解OSPF路由的基本概念及OSPF路由的工作原理；
- 理解DR和BDR的选择过程及OSPF区域划分；
- 掌握OSPF动态路由的配置方法。

素质目标

- 培养解决实际问题的能力，增强团队互助、合作进取等意识；
- 培养工匠精神，包括做事严谨、精益求精、着眼细节、爱岗敬业等；
- 培养交流沟通、独立思考及逻辑思维能力。

任务 4.1　配置静态路由及默认路由

小李是公司的网络工程师。随着业务的不断发展，公司越来越离不开网络。公司领导决定创建公司网站，这样可以更好地维护与更新公司的产品信息和发布公司的内部信息等。小李根据公司的要求制作了一份合理的网络实施方案，那么他该如何完成网络设备的相应配置呢？

知识准备

4.1.1 路由概述

通过前面章节的学习，我们知道二层交换机在转发数据帧时，使用数据帧中的 MAC 地址来确定主机在网络中的位置，二层交换机通过查找交换机中的 MAC 地址表实现在同一网络内转发数据帧的功能。如果数据帧不在同一网络内，那么需要将数据转到三层网络设备上，这时候就需要进行路由转发。什么是路由转发呢？它是如何进行工作的呢？

路由指把数据从源节点转发到目的节点的过程，即根据数据包的目的地址对其进行定向并转发到另一个节点的过程。一般来说，网络中路由的数据至少会经过一个或多个中间节点，如图 4.1 所示。路由通常被拿来与桥接进行对比，它们的主要区别在于桥接发生在 OSI 参考模型的第二层（数据链路层），而路由发生在 OSI 参考模型的第三层（网络层）。这一区别使它们在传递信息的过程中使用不同的信息，从而以不同的方式来完成各自的任务。

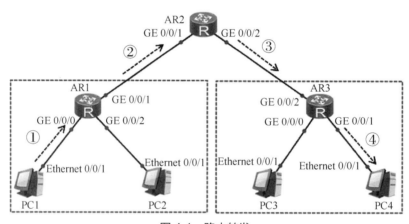

图 4.1 路由转发

4.1.2 路由选择

1. 路由信息的生成

路由信息的生成方式总共有 3 种：设备自动发现、手动配置、通过动态路由协议生成。

（1）直连路由（Direct Routing）：设备自动发现路由信息。

在网络设备启动后，当设备端口的状态为 Up 时，设备就会自动发现与自己的端口直接相连（直连）的网络的路由。某一网络与某台设备相连，是指这个网络是与这台设备的某个端口直接相连的。当路由器端口配置了正确的 IP 地址，并且端口处于 Up 状态时，路由器将自动生成一条通过该端口去往直连网段的路由。直连路由的 Protocol 属性为 Direct，其 Cost 值总为 0。

（2）静态路由（Static Routing）：手动配置路由信息。

静态路由是由网络管理员在路由器上手动配置的固定路由。静态路由允许对路由的行为进行精确的控制，其特点是可减少单向网络流量及配置简单。静态路由是在路由器中设置的固定路由表。除非网络管理员干预，否则静态路由不会发生变化。静态路由不能对网络的改变做出反应，因此一般用于规模不大、拓扑结构固定的网络中。静态路由的优点是简单、高效、可靠。在所有的路由中，静态路由的优先级最高，当动态路由与静态路由发生冲突时，以静态路由为准。手动配置的静态路由的明显缺点是不具备自适应性，当网络规模较大时，随着网络规模的扩大，网络管理员的维护工作量将大增，静态路由容易出错，无法实时变化。静态路由的 Protocol 属性为 Static，其 Cost 值可以人为设定。

（3）动态路由（Dynamic Routing）：网络设备通过运行动态路由协议而得到路由信息。

动态路由减少了管理任务，网络设备可以自动发现与自己相连的网络的路由。动态路由是网络中的路由器之间根据实时网络拓扑变化相互传递路由信息，再利用收到的路由信息选择相应的协议进行计算，更新路由表的过程。动态路由比较适用于大型网络。

一台路由器可以同时运行多种路由协议，而每种路由协议都会有专门的路由表来存放该协议下发现的路由表项，最后通过一些优先筛选法进行筛选，某些路由协议的路由表中的某些路由表项会被加入 IP 路由表中，而路由器最终会根据 IP 路由表来进行 IP 报文的转发工作。

2. 默认路由

默认路由是指目的地/掩码为 0.0.0.0/0 的路由，分为动态默认路由和静态默认路由。

（1）动态默认路由：默认路由是由路由协议产生的。

（2）静态默认路由：默认路由是手动配置的。

默认路由是一种非常特殊的路由，任何一个待发送或待转发的 IP 报文都可以和默认路由匹配。

计算机或路由器的 IP 路由表中可能存在默认路由，也可能不存在默认路由。若网络设备的 IP 路由表中存在默认路由，则当一个待发送或待转发的 IP 报文不能匹配 IP 路由表中的任何非默认路由时，它会根据默认路由来进行发送或转发；若网络设备的 IP 路由表中不存在默认路由，则当一个待发送或待转发的 IP 报文不能匹配 IP 路由表中的任何路由时，它就会将该 IP 报文直接丢弃。

3. 路由的优先级

（1）不同来源的路由有不同的优先级，并规定优先级的值越小，对应路由的优先级就越高。路由器默认管理距离对照如表 4.1 所示。

表 4.1 路由器默认管理距离对照

路由来源	默认管理距离值
直连路由（DIRECT）	0
OSPF	10
IS-IS	15
静态路由（STATIC）	60
RIP	100
OSPF ASE	150
OSPF NSSA	150
不可达路由（UNKNOWN）	255

（2）当存在多条目的地/掩码相同，但来源不同的路由时，具有最高优先级的路由会成为最优路由，并被加入IP路由表中；其他路由则处于未激活状态，不会显示在IP路由表中。

4. 路由的开销

（1）一条路由的开销：到达这条路由的目的地/掩码需要的开销。当同一种路由协议发现多条路由可以到达同一目的地/掩码时，将优选开销最小的路由，即只把开销最小的路由加入本路由协议的路由表中。

（2）不同的路由协议对开销的具体定义是不同的。例如，路由信息协议（Routing Information Protocol，RIP）只将跳数作为开销。跳数是指到达目的地/掩码需要经过的路由器的台数。

（3）等价路由：同一种路由协议发现的两条可以到达同一目的地/掩码且开销相等的路由。

（4）负载分担：如果两条等价路由都被加入了路由器的路由表中，那么在进行流量转发的时候，一部分流量会根据第一条路由进行转发，另一部分流量会根据第二条路由进行转发。

如果一台路由器同时运行了多种路由协议，并且对于同一目的地/掩码，每一种路由协议都发现了一条或多条路由，则每一种路由协议都会根据开销的比较情况在自己发现的若干条路由中确定出最优路由，并将最优路由放入本路由协议的路由表中。此后，不同的路由协议确定出的最优路由之间会进行路由优先级的比较，优先级最高的路由才能成为去往目的地/掩码的路由，并加入该路由器的IP路由表中。如果该路由上还存在去往目的地/掩码的直连路由或静态路由，则会在优先级比较的时候将它们考虑进去，以选出优先级最高的路由加入IP路由表中。

4.1.3 配置静态路由

（1）配置静态路由，进行网络拓扑连接，相关端口与 IP 地址配置如图 4.2 所示。

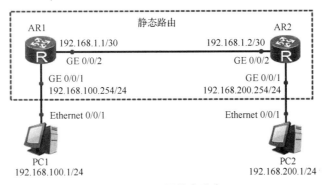

图 4.2　配置静态路由

（2）配置路由器 AR1，相关实例代码如下。

```
<Huawei>system-view
[Huawei]sysname AR1
[AR1]interface GigabitEthernet 0/0/1
[AR1-GigabitEthernet0/0/1]ip address 192.168.100.254 24
[AR1-GigabitEthernet0/0/1]quit
[AR1]interface GigabitEthernet 0/0/2
[AR1-GigabitEthernet0/0/2]ip address 192.168.1.1 30
[AR1-GigabitEthernet0/0/2]quit
[AR1]ip route-static 192.168.200.0 255.255.255.0 192.168.1.2    // 静态路由
    // 设置静态路由的目的地址、子网掩码、下一跳地址
[AR1]quit
```

（3）配置路由器 AR2，相关实例代码如下。

```
<Huawei>system-view
[Huawei]sysname AR2
[AR2]interface GigabitEthernet 0/0/1
[AR2-GigabitEthernet0/0/1]ip address 192.168.200.254 24
[AR2-GigabitEthernet0/0/1]quit
[AR2]interface GigabitEthernet 0/0/2
[AR2-GigabitEthernet0/0/2]ip address 192.168.1.2 30
[AR2-GigabitEthernet0/0/2]quit
[AR2]ip route-static 192.168.100.0 255.255.255.0 192.168.1.1    // 静态路由
[AR2]quit
```

（4）显示路由器 AR1、AR2 的配置信息。以路由器 AR1 为例，主要相关实例代码如下。

```
<AR1>display current-configuration
#
sysname AR1
#
```

```
interface GigabitEthernet0/0/1
   ip address 192.168.100.254 255.255.255.0
#
interface GigabitEthernet0/0/2
   ip address 192.168.1.1 255.255.255.252
#
ip route-static 192.168.200.0 255.255.255.0 192.168.1.2
#
return
<AR1>
```

(5) 查看路由器 AR1、AR2 的路由表信息。以路由器 AR1 为例，如图 4.3 所示。

(6) 使用主机 PC1 测试路由，其结果如图 4.4 所示。

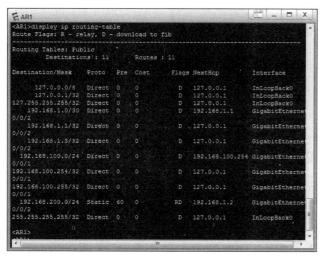

图 4.3 路由器 AR1 的路由表信息

图 4.4 使用主机 PC1 测试路由的结果

4.1.4 配置默认路由

(1) 配置默认路由，进行网络拓扑连接，相关端口与 IP 地址配置如图 4.5 所示。

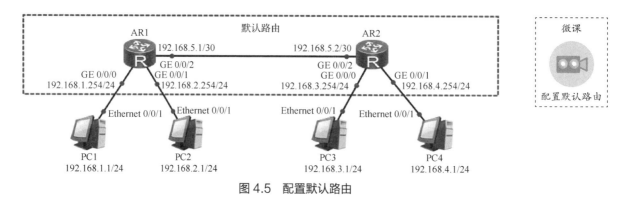

图 4.5 配置默认路由

(2) 配置路由器 AR1，相关实例代码如下。

```
<Huawei>system-view
```

```
Enter system view, return user view with Ctrl+Z.
[Huawei]sysname AR1
[AR1]interface GigabitEthernet 0/0/0
[AR1-GigabitEthernet0/0/0]ip address 192.168.1.254 24
[AR1-GigabitEthernet0/0/0]quit
[AR1]interface GigabitEthernet 0/0/1
[AR1-GigabitEthernet0/0/1]ip address 192.168.2.254 24
[AR1-GigabitEthernet0/0/1]quit
[AR1]interface GigabitEthernet 0/0/2
[AR1-GigabitEthernet0/0/2]ip address 192.168.5.1 30
[AR1-GigabitEthernet0/0/2]quit
[AR1]ip route-static 0.0.0.0 0.0.0.0 192.168.5.2          // 默认路由
    // 设置默认路由的目的地址、下一跳地址
[AR1]
```

（3）配置路由器 AR2，相关实例代码如下。

```
<Huawei>system-view
Enter system view, return user view with Ctrl+Z.
[Huawei]sysname AR2
[AR2]interface GigabitEthernet 0/0/0
[AR2-GigabitEthernet0/0/0]ip address 192.168.3.254 24
[AR2-GigabitEthernet0/0/0]quit
[AR2]interface GigabitEthernet 0/0/1
[AR2-GigabitEthernet0/0/1]ip address 192.168.4.254 24
[AR2-GigabitEthernet0/0/1]quit
[AR2]interface GigabitEthernet 0/0/2
[AR2-GigabitEthernet0/0/2]ip address 192.168.5.2 30
[AR2-GigabitEthernet0/0/2]quit
[AR2]ip route-static 0.0.0.0 0.0.0.0 192.168.5.1          // 默认路由
    // 设置默认路由的目的地址、下一跳地址
[AR2]
```

（4）显示路由器 AR1、AR2 的配置信息。以路由器 AR1 为例，主要相关实例代码如下。

```
<AR1>display current-configuration
#
sysname AR1
#
interface GigabitEthernet0/0/0
   ip address 192.168.1.254 255.255.255.0
#
interface GigabitEthernet0/0/1
   ip address 192.168.2.254 255.255.255.0
#
interface GigabitEthernet0/0/2
   ip address 192.168.5.1 255.255.255.252
#
ip route-static 0.0.0.0 0.0.0.0 192.168.5.2
#
return
<AR1>
```

（5）查看路由器 AR1、AR2 的路由表信息。以路由器 AR1 为例，如图 4.6 所示。

（6）使用主机 PC1 测试路由。主机 PC1 分别访问主机 PC3 与主机 PC4 的结果如图 4.7 所示。

图 4.6　路由器 AR1 的路由表信息

图 4.7　使用主机 PC1 测试路由的结果

任务 4.2　配置 RIP 动态路由

由于初期公司规模较小，采用了 RIP 来配置网络。但随着公司规模的不断扩大，公司网络的子网数量不断增加，网络运行状态逐渐变得不够稳定，对公司业务造成了一定的影响。小李是公司的网络工程师，公司领导安排小李对公司的网络进行优化。考虑到公司网络的安全性与稳定性，公司提出如下要求：用户需要对公司网络进行认证使用，同时可以动态检测网络的运行状况，对公司以后的网络扩展做出规划，以满足公司未来的发展需求。小李根据公司的要求制作了一份合理的网络实施方案，那么他该如何完成网络设备的相应配置呢？

4.2.1　RIP 概述

RIP 是一种内部网关协议（Internal Gateway Protocol，IGP），也是一种动态路由选择协议，用于自治系统（Autonomous System，AS）内的路由信息的传递。RIP 基于距离矢量算法（Distance Vector Algorithms，DVA），使用跳数（Metric）来衡量到达目的地址的路由距离。使用 RIP 的路由器只关心自己周围的世界，只与自己的相邻路由器交换信息，并将范围限制在 15 跳之内，即如果大于等于 16 跳就认为网络不可达。

RIP 应用于 OSI 参考模型的应用层，各厂商定义的管理距离（即优先级）有所不同，例如，华为设备定义的优先级是 100，思科设备定义的优先级是 120。RIP 在带宽、配置和管理方面的要求较低，主要适用于规模较小的网络，如图 4.8 所示。RIP 中定义的相关参数也比较少，它既不支持可变长子网掩码（Variable Length Subnet Mask，VLSM）和无类别域间路由（Classless Inter-Domain Routing，CIDR），也不支持认证功能。

1. RIP 工作原理

路由器启动时，路由表中只会包含直连路由。运行 RIP 之后，路由器会发送 Request 报文，以请求邻居路由器的 RIP 路由。运行 RIP 的邻居路由器收到该 Request 报文后，会根据自己的路由表生成 Response 报文进行回复。路由器在收到 Response 报文后，会将相应的路由添加到自己的路由表中。

RIP 网络稳定以后，每台路由器都会周期性地向邻居路由器通告自己的整张路由表中的路由信息（以 RIP 应答的方式广播出去），默认周期为 30s，邻居路由器根据收到的路由信息刷新自己的路由表，如图 4.9 所示。针对某一条路由信息，如果 180s 以后都没有接收到新的关于它的路由信息，那么将其标记为失效，即将其 Metric 值标记为 16。在此后持续 120s 以后，如果仍然没有收到关于它的更新信息，那么该条失效信息会被删除。

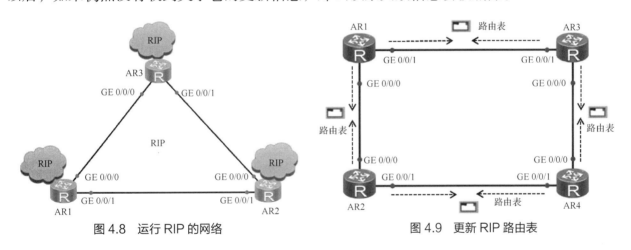

图 4.8　运行 RIP 的网络　　　　　　图 4.9　更新 RIP 路由表

2. RIP 版本

RIP 分为 3 个版本：RIPv1、RIPv2 和 RIPng。前两者用于 IPv4，RIPng 用于 IPv6。

（1）RIPv1 为有类别路由协议，不支持 VLSM 和 CIDR；RIPv1 以广播方式发送路由信息，目的 IP 地址为广播地址 255.255.255.255；RIPv1 不支持认证；RIPv1 通过用户数据报协议（User Datagram Protocol，UDP）交换路由信息，端口号为 520。

（2）RIPv2 为无类别路由协议，支持 VLSM，支持路由聚合与 CIDR；支持以广播或组播（224.0.0.9）方式发送报文；支持明文认证和 MD5 密文认证。RIPv2 在 RIPv1 的基础上进行了扩展，但 RIPv2 的报文格式仍然与 RIPv1 的类似。

随着开放最短通路优先（Open Shortest Path First，OSPF）和中间系统到中间系统（Intermediate System to Intermediate System，IS-IS）协议的出现，许多人认为 RIP 已经过时

了。事实上 RIP 也有自己的优势。对于小型网络，RIP 所占带宽开销小，易于配置、管理和实现，故 RIP 还在大量使用中。但 RIP 也有明显的不足，即当有多个网络时会出现环路问题。为了解决环路问题，因特网工程任务组（Internet Engineering Task Force，IETF）提出了分割范围方法，即路由器不可以通过它得知路由的端口去宣告路由。分割范围方法解决了两台路由器之间的路由环路问题，但不能防止 3 台或多台路由器形成路由环路。触发更新是解决环路问题的另一种方法，它要求路由器在链路发生变化时立即传输它的路由表，这加速了网络的聚合，但容易产生广播泛滥。总之，环路问题的解决需要消耗一定的时间和带宽。若采用 RIP，则其网络内部所经过的链路数不能超过 15，这使得 RIP 不适用于大型网络。

3. RIP 的局限性

（1）15 跳为最大值，因此 RIP 只能应用于小型网络。

（2）收敛速度慢。在网络拓扑结构变化很久以后，路由信息才能稳定下来。

（3）根据跳数选择的路由不一定是最优路由。RIP 以跳数为衡量标准，并以此来选择路由，这一操作欠缺合理性，因为没有考虑网络时延、可靠性、线路负载等因素对传输质量和速度等的影响。

4. RIPv1 与 RIPv2 的区别

RIPv2 不是一种新的协议，它使用的组播地址是保留的 D 类 IP 地址 224.0.0.9。使用组播方式的好处在于：本地网络中和 RIP 路由选择无关的设备不需要再花费时间对路由器广播的更新报文进行解析。它只是在 RIPv1 的基础上增加了一些扩展特性，以适用于现代网络的路由选择环境。这些扩展特性包括每个路由条目都携带自己的子网掩码，路由选择更新具有认证功能，每个路由条目都携带下一跳地址和外部路由标志，以组播方式进行路由更新等。最重要的一项是路由更新条目增加了子网掩码的字段，因此 RIPv2 可以使用 VLSM。RIPv1 与 RIPv2 的区别可概括为以下几点。

（1）RIPv1 是有类别路由协议，RIPv2 是无类别路由协议。

（2）RIPv1 不支持 VLSM，RIPv2 支持 VLSM。

（3）RIPv1 没有认证的功能；RIPv2 支持认证，并且有明文和 MD5 两种认证。

（4）RIPv1 没有手动汇总的功能；RIPv2 支持在关闭自动汇总功能的前提下进行手动汇总。

（5）RIPv1 以广播方式更新，RIPv2 以组播方式更新。

（6）RIPv1 对路由没有标记的功能；RIPv2 可以对路由进行标记，用于过滤和制定策略。

（7）RIPv1 发送的 Update 包中最多可以携带 25 条路由条目，而 RIPv2 在有认证的情况下最多只能携带 24 条路由条目。

（8）RIPv1 发送的 Update 包中没有 next-hop 属性；RIPv2 有 next-hop 属性，可以用于路由更新的重定。

4.2.2 RIP 度量方法

RIP 使用跳数作为度量值来衡量路由器与目的网络的距离，在 RIP 中，路由器到与它直接相连网络的跳数为 0，每经过一台路由器，跳数加 1，如图 4.10 所示。为限制收敛时间，RIP 规定跳数的取值为 0～15 的整数，大于 15 的跳数被定义为无穷大，即目的网络或主机不可达。

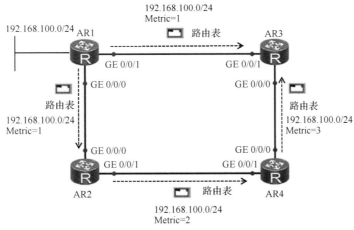

图 4.10 RIP 度量方法

（1）配置 RIP 路由，进行网络拓扑连接，相关端口与 IP 地址配置如图 4.11 所示。

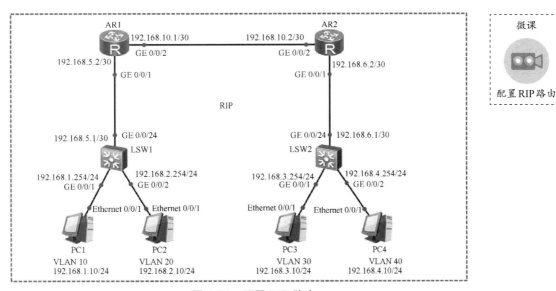

图 4.11 配置 RIP 路由

（2）配置路由器 AR1，相关实例代码如下。

```
<Huawei>system-view
[Huawei]sysnameAR1
```

```
[AR1]interface GigabitEthernet 0/0/1
[AR1-GigabitEthernet0/0/1] ip address 192.168.5.2 30
[AR1-GigabitEthernet0/0/1]quit
[AR1]interface GigabitEthernet 0/0/2
[AR1-GigabitEthernet0/0/2] ip address 192.168.10.1 30
[AR1-GigabitEthernet0/0/2]quit
[AR1]rip                                    // 配置 RIP
[AR1-rip-1]version 2                        // 配置 RIP 的版本
[AR1-rip-1]network 192.168.5.0              // 通告路由
[AR1-rip-1]network 192.168.10.0
[AR1-rip-1]quit
[AR1]
```

（3）配置路由器 AR2，相关实例代码如下。

```
<Huawei>system-view
[Huawei]sysname AR2
[AR2]interface GigabitEthernet 0/0/1
[AR2-GigabitEthernet0/0/1] ip address 192.168.6.2 30
[AR2-GigabitEthernet0/0/1]quit
[AR2]interface GigabitEthernet 0/0/2
[AR2-GigabitEthernet0/0/2] ip address 192.168.10.2 30
[AR2-GigabitEthernet0/0/2]quit
[AR2]rip                                    // 配置 RIP
[AR2-rip-1]version 2                        // 配置 RIP 的版本
[AR2-rip-1]network 192.168.6.0              // 通告路由
[AR2-rip-1]network 192.168.10.0
[AR2-rip-1]quit
[AR2]
```

（4）显示路由器 AR1、AR2 的配置信息。以路由器 AR1 为例，主要相关实例代码如下。

```
<AR1>display current-configuration
#
sysname AR1
#
interface GigabitEthernet0/0/1
   ip address 192.168.5.2 255.255.255.252
#
interface GigabitEthernet0/0/2
   ip address 192.168.10.1 255.255.255.252
#
rip 1
   network 192.168.5.0
   network 192.168.10.0
#
return
<AR1>
```

（5）配置交换机 LSW1，相关实例代码如下。

```
<Huawei>system-view
[Huawei]sysname LSW1
[LSW1]vlan batch 10 20 30 40 50 60
[LSW1]interface Vlanif 10
[LSW1-Vlanif10]ip address 192.168.1.254 24
[LSW1-Vlanif10]quit
[LSW1]interface Vlanif 20
```

```
[LSW1-Vlanif20]ip address 192.168.2.254 24
[LSW1-Vlanif20]quit
[LSW1]interface Vlanif 50
[LSW1-Vlanif30]ip address 192.168.5.1 30
[LSW1-Vlanif30]quit
[LSW1]interface GigabitEthernet 0/0/24
[LSW1-GigabitEthernet0/0/24]port link-type access
[LSW1-GigabitEthernet0/0/24]port default vlan 50
[LSW1-GigabitEthernet0/0/24]quit
[LSW1]interface GigabitEthernet 0/0/1
[LSW1-GigabitEthernet0/0/1]port link-type access
[LSW1-GigabitEthernet0/0/1]port default vlan 10
[LSW1]interface GigabitEthernet 0/0/2
[LSW1-GigabitEthernet0/0/2]port link-type access
[LSW1-GigabitEthernet0/0/2]port default vlan 20
[LSW1-GigabitEthernet0/0/2]quit
[LSW1]rip
[LSW1-rip-1]version 2
[LSW1-rip-1]network 192.168.1.0
[LSW1-rip-1]network 192.168.2.0
[LSW1-rip-1]network 192.168.5.0
[LSW1-rip-1]quit
[LSW1]
```

（6）配置交换机LSW2，相关实例代码如下。

```
<Huawei>system-view
[Huawei]sysname LSW2
[LSW2]vlan batch 10 20 30 40 50 60
[LSW2]interface Vlanif 30
[LSW2-Vlanif30]ip address 192.168.3.254 24
[LSW2-Vlanif30]quit
[LSW2]interface Vlanif 40
[LSW2-Vlanif40]ip address 192.168.4.254 24
[LSW2-Vlanif40]quit
[LSW2]interface Vlanif 60
[LSW2-Vlanif60]ip address 192.168.6.1 30
[LSW2-Vlanif60]quit
[LSW2]interface GigabitEthernet 0/0/24
[LSW2-GigabitEthernet0/0/24]port link-type access
[LSW2-GigabitEthernet0/0/24]port default vlan 60
[LSW2-GigabitEthernet0/0/24]quit
[LSW2]interface GigabitEthernet 0/0/1
[LSW2-GigabitEthernet0/0/1]port link-type access
[LSW2-GigabitEthernet0/0/1]port default vlan 30
[LSW2]interface GigabitEthernet 0/0/2
[LSW2-GigabitEthernet0/0/2]port link-type access
[LSW2-GigabitEthernet0/0/2]port default vlan 40
[LSW2-GigabitEthernet0/0/2]quit
[LSW2]rip
[LSW2-rip-1]version 2
[LSW2-rip-1]network 192.168.3.0
[LSW2-rip-1]network 192.168.4.0
[LSW2-rip-1]network 192.168.6.0
[LSW2-rip-1]quit
[LSW2]
```

（7）显示交换机LSW1、LSW2的配置信息。以交换机LSW1为例，主要相关实例代码如下。

```
<LSW1>display current-configuration
#
sysname LSW1
#
vlan batch 10 20 30 40 50 60
#
interface Vlanif10
   ip address 192.168.1.254 255.255.255.0
#
interface Vlanif20
   ip address 192.168.2.254 255.255.255.0
#
interface Vlanif50
   ip address 192.168.5.1 255.255.255.252
#
interface MEth0/0/1
#
interface GigabitEthernet0/0/1
   port link-type access
   port default vlan 10
#
interface GigabitEthernet0/0/2
   port link-type access
   port default vlan 20
#
interface GigabitEthernet0/0/24
   port link-type access
   port default vlan 50
#
rip 1
   network 192.168.1.0
   network 192.168.2.0
   network 192.168.5.0
#
return
<LSW1>
```

（8）查看路由器 AR1 的路由表信息。使用 display ip routing-table 命令，结果如图 4.12 所示。

（9）测试主机 PC1 的连通性。主机 PC1 访问主机 PC3 和主机 PC4，结果如图 4.13 所示。

图 4.12　查看路由器 AR1 的路由表信息　　图 4.13　测试主机 PC1 的连通性

微课

配置 RIP 路由——
结果测试

任务 4.3　配置 OSPF 动态路由

任务陈述

由于目前公司规模较大，公司网络采用 OSPF 协议进行配置。随着公司规模的不断扩大，以及网络办公在公司的普及，考虑到公司未来的发展需求，公司决定对网络进行升级改造，同时不影响公司现有的业务。小李是公司的网络工程师，公司领导安排小李对公司网络进行优化，小李需要考虑公司网络的安全性、稳定性及可扩展性，同时需要使网络满足公司未来的发展需求。小李根据公司的要求制作了一份合理的网络实施方案，那么他该如何完成网络设备的相应配置呢？

4.3.1　OSPF 路由概述

OSPF 协议是目前广泛使用的一种动态路由协议。它具有路由变化收敛速度快，无路由环路，支持 VLSM、汇总和层次区域划分等优点。在网络中使用 OSPF 协议后，大部分路由将由 OSPF 协议自行计算和生成，无须网络管理员手动配置。当网络拓扑发生变化时，OSPF 协议可以自动计算、更正路由，可极大地方便网络管理。

OSPF 协议是一种链路状态协议。每台路由器负责发现、维护与邻居路由器的关系，会描述已知的邻居列表和链路状态更新（Link State Update，LSU）报文，通过可靠的泛洪及与 AS 内其他路由器的周期性交互，学习到整个 AS 的网络拓扑结构，并通过 AS 边界的路由器注入其他 AS 的路由信息得到整个网络的路由信息。每隔一段特定时间或当链路状态发生变化时，重新生成链路状态广播（Link State Advertisement，LSA）数据包，路由器通过泛洪机制将新 LSA 数据包通告出去，以便实现路由实时更新。

OSPF 协议通常将规模较大的网络划分成多个 OSPF 区域，要求路由器与同一区域内的路由器交换链路状态，并要求在区域边界路由器上交换区域内的汇总链路状态，这样可以减少传播的信息量，且可使最短路径计算强度减弱。在区域划分时，必须有一个骨干区域（区域 0），其他非骨干区域与骨干区域必须有物理连接或逻辑连接。当有物理连接时，必须存在这样一台路由器，它的一个端口在骨干区域，而另一个端口在非骨干区域。当非骨干区域不可能物理连接到骨干区域时，必须定义一条逻辑或虚拟链路。虚拟链路由两个端点和一个传输区来定义，其中一个端点是路由器端口，属于骨干区域的一部分，另一个端点也是一个路由器端口，但在与骨干区域没有物理连接的非骨干区域中；传输区是一个区域，在骨干区域与非骨干区域之间。

OSPF 协议的协议号为 89，采用组播方式进行 OSPF 包交换，组播地址为 224.0.0.5（全部 OSPF 路由器）和 224.0.0.6（指定路由器）。

1. OSPF 经常使用的术语

（1）路由器 ID（Router ID）：用于标识每台路由器的一个 32 位的数字。通常将最高 IP 地址分配给路由器 ID。如果在路由器上使用了回环端口，则路由器 ID 是回环端口的最高 IP 地址，不用考虑物理端口的 IP 地址。

（2）广播网络（Broadcast Network）：支持广播的网络。Ethernet 是一个广播网络。

（3）非广播网络（NonBroadcast Network）：支持多于两个连接路由器，但是没有广播能力的网络，如帧中继和 X.25 等网络。非广播网络中有非广播多路访问（None-Broadcast Multiple Access，NBMA）网络，但在同一个网络中，不能通过广播访问点对多点（Point To Multiple Points，P2MP）网络。

（4）指定路由器（Designated Router，DR）：在广播或 NBMA 网络中，指定路由器用于向公共网络传播链路状态信息。

（5）备份指定路由器（Backup Designated Router，BDR）：在 DR 故障时，用于替换 DR。

（6）区域边界路由器（Area Border Router，ABR）：连接多个 OSPF 区域的路由器。

（7）自治系统边界路由器（Autonomous System Border Router，ASBR）：一个 OSPF 路由器，它连接到另一个 AS，或者在同一个 AS 的网络区域中但运行不同于 OSPF 协议的 IGP。

（8）LSA：描述路由器的本地链路状态，通过该广播向整个 OSPF 区域扩散。

（9）链路状态数据库（Link State Database，LSDB）：收到 LSA 的路由器都可以根据 LSA 提供的信息建立自己的 LSDB，并在 LSDB 的基础上使用最短通路优先算法进行运算，建立起到达每个网络的最短路径树。

（10）邻接（Adjacency）：邻接可以在点对点的两台路由器之间形成，也可以在广播或 NBMA 网络的 DR 和 BDR 之间形成，还可以在 BDR 和非 DR 之间形成。OSPF 路由状态信息只能通过邻接被传送和接收。

2. OSPF 协议的特点

（1）无环路。OSPF 协议是一种基于链路状态的路由协议，它从设计上就保证了无路由环路。OSPF 协议支持区域的划分，区域内部的路由器使用最短通路优先算法保证区域内部无环路。OSPF 协议还利用区域间的连接规则保证区域之间无路由环路。

（2）收敛速度快。OSPF 协议支持触发更新，能够快速检测并通告 AS 内的拓扑变化。

（3）扩展性好。OSPF 协议可以解决网络扩容带来的问题。当网络中路由器越来越多、路由信息流量急剧增长的时候，OSPF 协议可以将每个 AS 划分为多个区域，并限制每个区域的范围。OSPF 协议的这种分区域的特点使得其特别适用于大中型网络。

（4）提供认证功能。OSPF 路由器之间的报文可以配置为必须经过认证才能进行交换的报文。

（5）具有更高的优先级和可信度。在 RIP 中，路由的管理距离是 100，而 OSPF 协议具有更高的优先级和可信度，路由的管理距离为 10。

4.3.2　OSPF 协议的报文类型

OSPF 报文信息用来保证路由器之间可互相传播各种信息，OSPF 协议的报文共有 5 种类型。任意一种报文都需要加上 OSPF 协议的报文头，最后封装在 IP 中传送。一个 OSPF 报文的最大长度为 1500 字节，其格式如图 4.14 所示。OSPF 协议直接运行在 IP 之上，使用协议号 89。

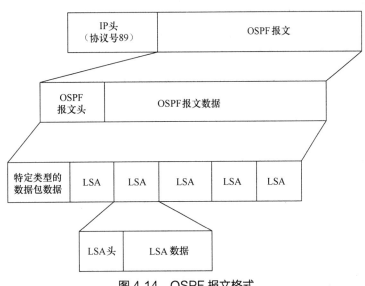

图 4.14　OSPF 报文格式

（1）Hello 报文：最常用的一种报文，用于发现、维护邻居关系，并在广播或 NBMA 网络中选择 DR 和 BDR。

（2）数据库描述（Database Description，DD）报文：两台路由器进行 LSDB 同步时，使用 DD 报文来描述自己的 LSDB。DD 报文的内容包括 LSDB 中每一条 LSA 报文的头部（LSA 报文的头部可以唯一标识 LSA 报文）。LSA 报文头部只占一条 LSA 报文的整个数据量的小部分，所以这样可以减少路由器之间的协议报文流量。

（3）链路状态请求（Link State Request，LSR）报文：两台路由器互相交换过 DD 报文之后，知道对端路由器有哪些 LSA 报文是本地 LSDB 缺少的，此时需要发送 LSR 报文向对端路由器请求缺少的 LSA 报文。LSR 报文中只包含所需要的 LSA 报文的摘要信息。

（4）链路状态更新（LSU）报文：用来向对端路由器发送所需要的 LSA 报文。

（5）链路状态确认（Link State Acknowledgment，LSACK）报文：用来对接收到的 LSU 报文进行确认。

OSPF 协议的报文类型及其功能描述如表 4.2 所示。

表 4.2　OSPF 协议的报文类型及其功能描述

报文类型	功能描述
Hello 报文	周期性发送，发现和维护 OSPF 邻居关系
DD 报文	邻居间同步数据库内容
LSR 报文	向对端路由器请求所需要的 LSA 报文
LSU 报文	向对端路由器发送 LSA 报文
LSACK 报文	对收到的 LSU 报文进行确认

4.3.3　DR 与 BDR 选择

每一个含有至少两台路由器的广播或 NBMA 网络中都有 BDR 和 DR，如图 4.15 所示。DR 和 BDR 可以减少邻接关系的数量，从而减少链路状态信息及路由信息的交换次数，这样可以节省带宽，缓解路由器处理压力。

一个既不是 DR 也不是 BDR 的路由器，只与 DR 和 BDR 形成邻接关系并交换链路状态信息及路由信息，这样就可大大减少大型广播或 NBMA 网络中的邻接关系数量。在没有 DR 的广播网络中，邻接关系的数量可以根据公式 $n(n-1)/2$ 计算得出，其中，n 代表参与 OSPF 协议的路由器端口的数量。

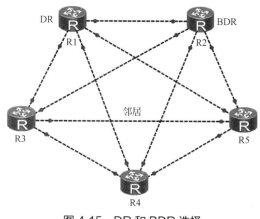

图 4.15　DR 和 BDR 选择

所有路由器之间有多个邻接关系。当指定了 DR 后，所有的路由器都会与 DR 建立起邻接关系，DR 成为该广播网络中的中心点。BDR 在 DR 发生故障时接管其业务，一个广播网络中的所有路由器都必须与 BDR 建立邻接关系。

在邻居发现完成之后，路由器会根据网段类型进行 DR 选择。在广播或 NBMA 网络中，路由器会根据参与选择的每个端口的优先级进行 DR 选择。优先级的取值为 0～255，值越大表示优先级越高。默认情况下，端口优先级为 1。如果一个端口优先级为 0，那么该端口将不会参与 DR 或者 BDR 的选择。如果优先级相同，则比较路由器 ID，值越大表示优先级越高。为了给 DR 备份，每个广播或 NBMA 网络中还要选择一个 BDR。BDR 也会与网络中所有的路由器建立邻接关系。为了维护网络中邻接关系的稳定性，如果网络中已经存在 DR

和 BDR，则新添加进该网络的路由器不会成为 DR 和 BDR，而不管该路由器的优先级是否最高。如果当前 DR 发生故障，则当前 BDR 自动成为新的 DR，再在网络中重新选择 BDR；如果当前 BDR 发生故障，则 DR 不变，重新选择 BDR。这种选择机制的目的是保持邻接关系的稳定，使拓扑结构的改变对邻接关系的影响尽量小。

4.3.4 OSPF 区域划分

OSPF 协议支持将一组网段组合在一起，这样的一个组合称为一个区域，划分 OSPF 区域可以缩小路由器的 LSDB 规模，减少网络流量。区域内的详细拓扑信息不向其他区域发送，区域间传递的是抽象的路由信息，而不是详细的描述拓扑结构的链路状态信息。每个区域都有自己的 LSDB，不同区域的 LSDB 是不同的。路由器会为每一个自己连接到的区域维护一个单独的 LSDB。详细链路状态信息不会被发布到区域以外，因此 LSDB 的规模会被大大缩小。

Area 0（区域 0）为骨干区域，为了避免产生区域间路由环路，非骨干区域之间不允许直接发布路由信息，因此，每个区域都必须连接到骨干区域。OSPF 区域划分如图 4.16 所示。

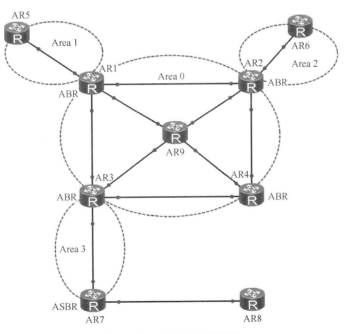

图 4.16　OSPF 区域划分

运行在区域之间的路由器叫作 ABR，它包含所有相连区域的 LSDB。ASBR 是指和其他 AS 中的路由器交换路由信息的路由器，这种路由器会向整个 AS 通告 AS 外部路由信息。

在规模较小的公司网络中，可以把所有的路由器都划分到同一个区域中，同一个 OSPF 区域的路由器的 LSDB 是完全一致的。OSPF 区域号可以手动配置，为了便于将来的网络扩展，推荐将该区域号设置为 0，即将区域设置为骨干区域。

任务实施

（1）配置多区域 OSPF 路由，进行网络拓扑连接，相关端口与 IP 地址配置如图 4.17 所示。配置路由器 AR1 和路由器 AR2，使得路由器 AR1 为 DR，路由器 AR2 为 BDR，并且路由器 AR1 和路由器 AR2 为骨干区域 Area 0，其他区域为非骨干区域。

微课

配置多区域 OSPF 路由

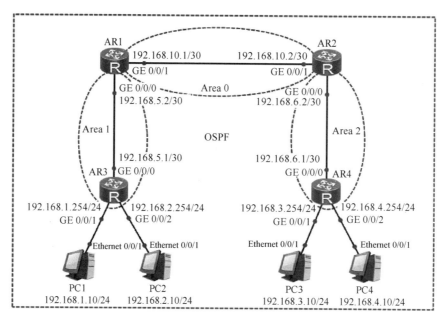

图 4.17 配置多区域 OSPF 路由

（2）配置路由器 AR1，相关实例代码如下。

```
<Huawei>system-view
[Huawei]sysname AR1
[AR1]interface GigabitEthernet 0/0/0
[AR1-GigabitEthernet0/0/0]ip address 192.168.5.2 30
[AR1-GigabitEthernet0/0/0]quit
[AR1]interface GigabitEthernet 0/0/1
[AR1-GigabitEthernet0/0/1]ip address 192.168.10.1 30
[AR1-GigabitEthernet0/0/1]quit
[AR1]ospf router-id 10.10.10.10                              //配置路由器 ID
[AR1-ospf-1]area 0                                           //配置骨干区域
[AR1-ospf-1-area-0.0.0.0]network 192.168.10.0 0.0.0.3        //通告网段
[AR1-ospf-1-area-0.0.0.0]quit
[AR1-ospf-1]area 1                                           //配置非骨干区域
[AR1-ospf-1-area-0.0.0.1]network 192.168.5.0 0.0.0.3         //通告网段
[AR1-ospf-1-area-0.0.0.1]quit
[AR1-ospf-1]quit
[AR1]
```

（3）配置路由器 AR2，相关实例代码如下。

```
<Huawei>system-view
[Huawei]sysname AR2
```

```
[AR2]interface GigabitEthernet 0/0/0
[AR2-GigabitEthernet0/0/0]ip address 192.168.6.2 30
[AR2-GigabitEthernet0/0/0]quit
[AR2]interface GigabitEthernet 0/0/1
[AR2-GigabitEthernet0/0/1]ip address 192.168.10.2 30
[AR2-GigabitEthernet0/0/1]quit
[AR2]ospf router-id 9.9.9.9
[AR2-ospf-1]area 0
[AR2-ospf-1-area-0.0.0.0]network 192.168.10.0 0.0.0.3
[AR2-ospf-1-area-0.0.0.0]quit
[AR2-ospf-1]area 2
[AR2-ospf-1-area-0.0.0.2]network 192.168.6.0 0.0.0.3
[AR2-ospf-1-area-0.0.0.2]quit
[AR2-ospf-1]quit
[AR2]
```

（4）配置路由器 AR3，相关实例代码如下。

```
<Huawei>system-view
[Huawei]sysname AR3
[AR3]interface GigabitEthernet 0/0/0
[AR3-GigabitEthernet0/0/0]ip address 192.168.5.1 30
[AR3-GigabitEthernet0/0/0]quit
[AR3]interface GigabitEthernet 0/0/1
[AR3-GigabitEthernet0/0/1]ip address 192.168.1.254 24
[AR3-GigabitEthernet0/0/1]quit
[AR3]interface GigabitEthernet 0/0/2
[AR3-GigabitEthernet0/0/2]ip address 192.168.2.254 24
[AR3-GigabitEthernet0/0/2]quit
[AR3]ospf router-id 8.8.8.8
[AR3-ospf-1]area 1
[AR3-ospf-1-area-0.0.0.1]network 192.168.1.0 0.0.0.255
[AR3-ospf-1-area-0.0.0.1]network 192.168.2.0 0.0.0.255
[AR3-ospf-1-area-0.0.0.1]network 192.168.5.0 0.0.0.3
[AR3-ospf-1-area-0.0.0.1]quit
[AR3-ospf-1]quit
[AR3]
```

（5）配置路由器 AR4，相关实例代码如下。

```
<Huawei>system-view
[Huawei]sysname AR4
[AR4]interface GigabitEthernet 0/0/0
[AR4-GigabitEthernet0/0/0]ip address 192.168.6.1 30
[AR4-GigabitEthernet0/0/0]quit
[AR4]interface GigabitEthernet 0/0/1
[AR4-GigabitEthernet0/0/1]ip address 192.168.3.254 24
[AR4-GigabitEthernet0/0/1]quit
[AR4]interface GigabitEthernet 0/0/2
[AR4-GigabitEthernet0/0/2]ip address 192.168.4.254 24
[AR4-GigabitEthernet0/0/2]quit
[AR4]ospf router-id 7.7.7.7
[AR4-ospf-1]area 2
[AR4-ospf-1-area-0.0.0.2]network 192.168.3.0 0.0.0.255
[AR4-ospf-1-area-0.0.0.2]network 192.168.4.0 0.0.0.255
[AR4-ospf-1-area-0.0.0.2]network 192.168.6.0 0.0.0.3
[AR4-ospf-1-area-0.0.0.2]quit
[AR4-ospf-1]quit
[AR4]
```

（6）显示路由器 AR1、AR2、AR3、AR4 的配置信息。以路由器 AR1 为例，主要相关实例代码如下。

```
<AR1>display current-configuration
#
sysname AR1
#
interface GigabitEthernet0/0/0
  ip address 192.168.5.2 255.255.255.252
#
interface GigabitEthernet0/0/1
  ip address 192.168.10.1 255.255.255.252
#
interface GigabitEthernet0/0/2
#
ospf 1 router-id 10.10.10.10
  area 0.0.0.0
    network 192.168.10.0 0.0.0.3
  area 0.0.0.1
    network 192.168.5.0 0.0.0.3
#
return
<AR1>
```

（7）查看路由器 AR1、AR2、AR3、AR4 的路由表信息。以路由器 AR1 为例，使用 display ip routing-table 命令，结果如图 4.18 所示。

（8）测试主机 PC2 的连通性。主机 PC2 访问主机 PC3 和主机 PC4，结果如图 4.19 所示。

微课

配置多区域OSPF路由——结果测试

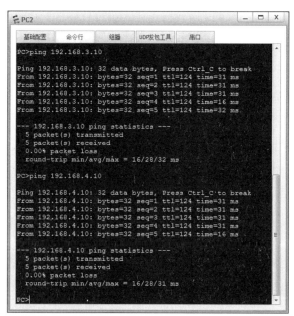

图 4.18　查看路由器 AR1 的路由表信息　　图 4.19　测试主机 PC2 的连通性

项目练习题

1. 选择题

（1）静态路由默认管理距离值为（　　）。

A. 0　　　　　　　　B. 1　　　　　　　　C. 60　　　　　　　　D. 100

（2）RIP 网络中允许的最大跳数为（　　）。

A. 8　　　　　　　　B. 16　　　　　　　　C. 32　　　　　　　　D. 64

（3）路由表中的 0.0.0.0 代表的是（　　）。

A. 默认路由　　　　　B. 动态路由　　　　　C. RIP　　　　　　　D. OSPF

（4）华为设备中，定义 RIP 网络的默认管理距离为（　　）。

A. 1　　　　　　　　B. 60　　　　　　　　C. 100　　　　　　　D. 120

（5）RIP 网络中，每台路由器会周期性地向邻居路由器通告自己的整张路由表中的路由信息，默认周期为（　　）。

A. 30s　　　　　　　B. 60s　　　　　　　C. 120s　　　　　　　D. 150s

（6）RIP 网络中，为防止产生路由环路，路由器不会把从邻居路由器处学到的路由再发回去，这种技术被称为（　　）。

A. 定义最大值　　　　　　　　　　　　　B. 水平分割

C. 控制更新时间　　　　　　　　　　　　D. 触发更新

（7）路由器在转发数据包时，依靠数据包的（　　）寻找下一跳地址。

A. 数据帧中的目的 MAC 地址　　　　　　B. UDP 头中的目的地址

C. TCP 头中的目的地址　　　　　　　　　D. IP 头中的目的 IP 地址

（8）网络中有 6 台路由器，最多可以形成邻接关系的数量为（　　）。

A. 8　　　　　　　　B. 10　　　　　　　　C. 15　　　　　　　　D. 30

（9）OSPF 协议的协议号为（　　）。

A. 68　　　　　　　　B. 69　　　　　　　　C. 88　　　　　　　　D. 89

（10）属于路由表产生方式的是（　　）。

A. 通过运行动态路由协议自动学习产生

B. 路由器的直连网段自动生成

C. 通过手动配置产生

D. 以上都是

2. 简答题

（1）简述路由器的工作原理。

（2）简述静态路由、默认路由的特点及应用场合。

（3）简述 RIP 的工作原理。

（4）简述 RIP 的局限性、RIP 路由环路及 RIP 防止路由环路机制。

（5）简述 OSPF 协议的工作原理。

（6）简述 OSPF 协议的报文类型。

（7）简述 DR 与 BDR 选择过程。

（8）为什么要进行 OSPF 区域划分？

项目5
网络安全配置与管理

教学目标

◎ 掌握交换机端口隔离的配置方法；
◎ 了解交换机端口安全功能；
◎ 掌握交换机安全端口的配置方法；
◎ 了解基本ACL、高级ACL及基于时间的ACL的特性；
◎ 掌握基本ACL、高级ACL及基于时间的ACL的配置方法。

素质目标

◎ 培养自主学习的能力和习惯；
◎ 培养工匠精神，包括做事严谨、精益求精、着眼细节、爱岗敬业等；
◎ 培养系统分析与解决问题的能力。

任务 5.1　交换机端口隔离配置

 **任务陈述**

小李是公司的网络工程师。随着公司规模的不断扩大，公司网络的子网数量也在不断增加，公司网络的安全性与可靠性越来越重要。于是，公司领导安排小李对公司的网络进行优化，要求公司不同部门的网络相互隔离，同时要满足不同用户的访问需求。小李根据公司的要求制作了一份合理的网络实施方案，他该如何完成网络设备的相应配置呢？

知识准备

5.1.1 端口隔离基本概念

端口隔离分为二层隔离、三层互通,以及二层、三层都隔离两种模式。

如果希望隔离同一 VLAN 内的广播报文,但是不同端口下的用户可以进行三层通信,则可以将隔离模式设置为二层隔离、三层互通。

如果希望同一 VLAN 不同端口下的用户彻底无法通信,则可以将隔离模式设置为二层、三层都隔离。

如果不是特殊情况,则建议不要将上行口和下行口加入同一隔离组,否则上行口和下行口不能相互通信。

同一隔离组内的用户不能进行二层通信,但是不同隔离组内的用户可以正常通信;未划分端口隔离的用户也能与隔离组内的用户正常通信,如图 5.1 所示。

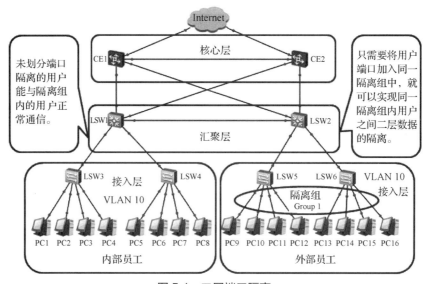

图 5.1 二层端口隔离

5.1.2 端口隔离应用场景

端口隔离是为了实现报文之间的二层隔离,可以将不同的端口加入不同的 VLAN,但会浪费有限的 VLAN 资源。应用端口隔离特性,可以实现同一 VLAN 内端口之间的隔离,只需要将端口加入隔离组中,就可以实现隔离组内端口之间二层数据的隔离。端口隔离功能可提供更安全、更灵活的组网方案,如图 5.2 所示。

微课

端口隔离应用场景

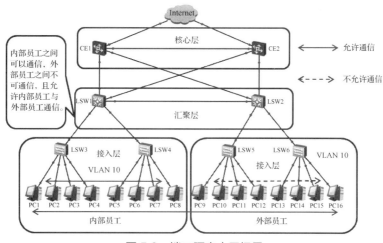

图 5.2　端口隔离应用场景

5.1.3　二层端口隔离配置

同一项目组的员工都被划分到 VLAN 10 中，其中，企业内部的员工之间可以相互通信，属于同一隔离组的企业外部的员工之间不可以相互通信（属于不同隔离组的外部员工之间可以通信），允许外部员工与内部员工通信。交换机 LSW1 与交换机 LSW2 为二层交换机，交换机 LSW3 与交换机 LSW4 为三层交换机。交换机 LSW3 中的 VLAN 10 的 IP 地址为 192.168.10.100/24。主机 PC1 至主机 PC4 为内部员工，主机 PC5 至主机 PC8 为外部员工。主机 PC5 与主机 PC6 在隔离组 Group 1 中，主机 PC7 与主机 PC8 在隔离组 Group 2 中。相关端口与 IP 地址对应关系等如图 5.3 所示，进行二层端口隔离配置。

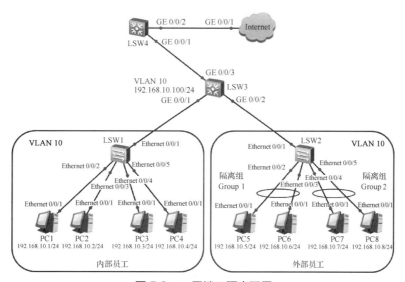

图 5.3　二层端口隔离配置

（1）配置命令介绍如下。

port-isolate enable 命令用于使用端口隔离功能，默认将端口划入隔离组 Group 1 中。

如果希望创建新的隔离组，则可以使用 port-isolate enable group 命令，后面接要创建的隔离组组号，值为 1 ～ 64。

可以在系统视图下使用 port-isolate mode all 命令设置隔离模式为二层、三层都隔离。

（2）查看命令介绍如下。

使用 display port-isolate group all 命令可以查看创建的所有隔离组的情况。

使用 display port-isolate group *X*（组号）命令可以查看具体的某一个隔离组端口情况。

二层端口隔离配置——LSW1

（3）配置交换机 LSW1，相关实例代码如下。

```
<Huawei>system-view
[Huawei]sysname LSW1
[LSW1]vlan 10
[LSW1-vlan10]quit
[LSW1]interface Ethernet 0/0/1
[LSW1-Ethernet0/0/1]port link-type trunk              // 配置端口类型为干道端口
[LSW1-Ethernet0/0/1]port trunk allow-pass vlan all    // 允许所有数据通过
[LSW1-Ethernet0/0/1]quit
[LSW1]interface Ethernet 0/0/2
[LSW1-Ethernet0/0/2]port link-type access
[LSW1-Ethernet0/0/2]port default vlan 10
[LSW1-Ethernet0/0/2]quit
[LSW1]interface Ethernet 0/0/3
[LSW1-Ethernet0/0/3]port link-type access
[LSW1-Ethernet0/0/3]port default vlan 10
[LSW1-Ethernet0/0/3]quit
[LSW1]interface Ethernet 0/0/4
[LSW1-Ethernet0/0/4]port link-type access
[LSW1-Ethernet0/0/4]port default vlan 10
[LSW1-Ethernet0/0/4]quit
[LSW1]interface Ethernet 0/0/5
[LSW1-Ethernet0/0/5]port link-type access
[LSW1-Ethernet0/0/5]port default vlan 10
[LSW1-Ethernet0/0/5]quit
[LSW1]
```

（4）配置交换机 LSW2，相关实例代码如下。

二层端口隔离配置——LSW2

```
<Huawei>system-view
[Huawei]sysname LSW2
[LSW2]vlan 10
[LSW2-vlan10]quit
[LSW2]interface Ethernet 0/0/1
[LSW2-Ethernet0/0/1]port link-type trunk
[LSW2-Ethernet0/0/1]port trunk allow-pass vlan all
[LSW2-Ethernet0/0/1]quit
[LSW2]interface Ethernet 0/0/2
[LSW2-Ethernet0/0/2]port link-type access
[LSW2-Ethernet0/0/2]port default vlan 10
[LSW2-Ethernet0/0/2]port-isolate enable    // 配置隔离端口，将端口划入隔离组 Group 1 中
[LSW2-Ethernet0/0/2]quit
```

```
[LSW2]interface Ethernet 0/0/3
[LSW2-Ethernet0/0/3]port link-type access
[LSW2-Ethernet0/0/3]port default vlan 10
[LSW2-Ethernet0/0/3]port-isolate enable
[LSW2-Ethernet0/0/3]quit
[LSW2]interface Ethernet 0/0/4
[LSW2-Ethernet0/0/4]port link-type access
[LSW2-Ethernet0/0/4]port default vlan 10
[LSW2-Ethernet0/0/4]port-isolate enable group 2   // 配置隔离端口，并划入隔离组 Group 2 中
[LSW2-Ethernet0/0/4]quit
[LSW2]interface Ethernet 0/0/5
[LSW2-Ethernet0/0/5]port link-type access
[LSW2-Ethernet0/0/5]port default vlan 10
[LSW2-Ethernet0/0/5]port-isolate enable group 2
[LSW2-Ethernet0/0/5]quit
[LSW2]
```

（5）显示交换机 LSW2 的配置信息，主要相关实例代码如下。

```
[LSW2]display current-configuration
#
sysname LSW2
#
vlan batch 10
#
interface Ethernet0/0/1
  port link-type trunk
  port trunk allow-pass vlan 2 to 4094
#
interface Ethernet0/0/2
  port link-type access
  port default vlan 10
  port-isolate enable group 1
#
interface Ethernet0/0/3
  port link-type access
  port default vlan 10
  port-isolate enable group 1
#
interface Ethernet0/0/4
  port link-type access
port default vlan 10
port-isolate enable group 2
#
interface Ethernet0/0/5
  port link-type access
  port default vlan 10
  port-isolate enable group 2
#
user-interface con 0
user-interface vty 0 4
#
return
[LSW2]
```

（6）配置交换机 LSW3，相关实例代码如下。

```
<Huawei>system-view
[Huawei]sysname LSW3
```

```
[LSW3]vlan 10
[LSW3]interface Vlanif 10
[LSW3-Vlanif10]ip address 192.168.10.100 255.255.255.0  //配置VLAN 10的IP地址
[LSW3-Vlanif10]quit
[LSW3]interface GigabitEthernet 0/0/1
[LSW3-GigabitEthernet0/0/1]port link-type trunk
[LSW3-GigabitEthernet0/0/1]port trunk allow-pass vlan all
[LSW3-GigabitEthernet0/0/1]quit
[LSW3]interface GigabitEthernet 0/0/2
[LSW3-GigabitEthernet0/0/2]port link-type trunk
[LSW3-GigabitEthernet0/0/2]port trunk allow-pass vlan all
[LSW3-GigabitEthernet0/0/2]quit
[LSW3]interface GigabitEthernet 0/0/3
[LSW3-GigabitEthernet0/0/3]port link-type trunk
[LSW3-GigabitEthernet0/0/3]port trunk allow-pass vlan all
[LSW3-GigabitEthernet0/0/3]quit
[LSW3]
```

（7）进行相关测试。配置主机PC1的IP地址为192.168.10.1，主机PC2的IP地址为192.168.10.2，如图5.4所示。

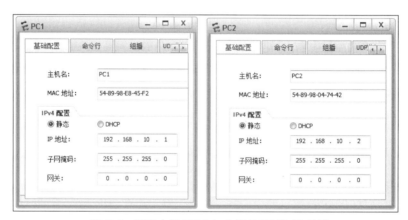

图5.4 配置主机PC1与主机PC2的IP地址

使用主机PC1访问主机PC2，VLAN 10的内部员工之间可以相互访问，测试结果如图5.5所示。

图5.5 使用主机PC1访问主机PC2的测试结果

（8）进行相关测试。配置主机PC5的IP地址为192.168.10.5，主机PC6的IP地址为192.168.10.6，如图5.6所示。

图 5.6　配置主机 PC5 与主机 PC6 的 IP 地址

使用主机 PC5 访问主机 PC6，VLAN 10 的外部员工之间不可以相互访问，主机 PC5 与主机 PC6 属于隔离组 Group 1，测试结果如图 5.7 所示。

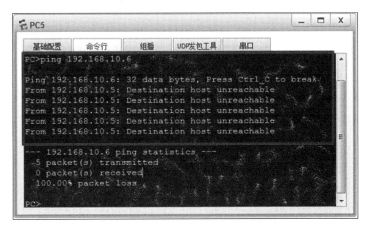

图 5.7　使用主机 PC5 访问主机 PC6 的测试结果

（9）进行相关测试。配置主机 PC7 的 IP 地址为 192.168.10.7，主机 PC8 的 IP 地址为 192.168.10.8，如图 5.8 所示。

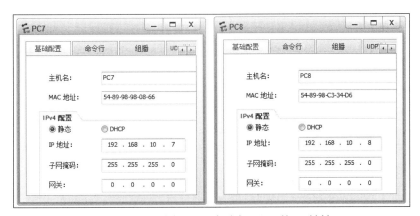

图 5.8　配置主机 PC7 与主机 PC8 的 IP 地址

使用主机 PC7 访问主机 PC8，VLAN 10 的外部员工之间不可以相互访问，主机 PC7 与主机 PC8 属于隔离组 Group 2，测试结果如图 5.9 所示。

图 5.9 使用主机 PC7 访问主机 PC8 的测试结果

（10）进行相关测试。主机 PC1 的 IP 地址为 192.168.10.1，主机 PC5 的 IP 地址为 192.168.10.5，使用主机 PC1 访问主机 PC5，属于内部员工访问外部员工，且主机 PC1 和主机 PC5 同属于 VLAN 10，可以相互访问，测试结果如图 5.10 所示。

图 5.10 使用主机 PC1 访问主机 PC5 的测试结果

（11）进行相关测试。主机 PC5 的 IP 地址为 192.168.10.5，主机 PC7 的 IP 地址为 192.168.10.7，使用主机 PC5 访问主机 PC7，主机 PC5 和主机 PC7 属于不同隔离组（分别属于隔离组 Group 1 和隔离组 Group 2），外部员工之间可以相互访问，测试结果如图 5.11 所示。

图 5.11 使用主机 PC5 访问主机 PC7 的测试结果

（12）使用 display port-isolate group all 命令查看交换机 LSW2 创建的所有隔离组的情况，使用 display port-isolate group 2 命令查看交换机 LSW2 的隔离组 Group 2 的情况，结果如图 5.12 所示。

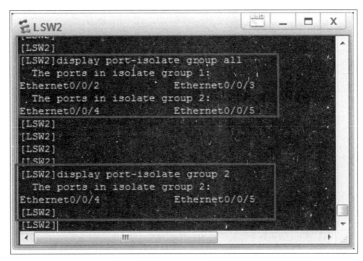

图 5.12　查看交换机 LSW2 创建的隔离组的情况

5.1.4　三层端口隔离配置

微课

三层端口隔离配置

同一项目组的内部员工被划分到 VLAN 20 中，外部员工被划分到 VLAN 10 中，交换机 LSW1 为三层交换机。交换机 LSW1 中的 VLAN 10 的 IP 地址为 192.168.10.100/24，VLAN 20 的 IP 地址为 192.168.20.100/24。主机 PC3 与主机 PC4 为内部员工；主机 PC1 与主机 PC2 为外部员工，在隔离组 Group 1 中；主机 PC5 与主机 PC6 为外部员工，在隔离组 Group 2 中。相关端口与 IP 地址对应关系如图 5.13 所示，进行三层端口隔离配置。

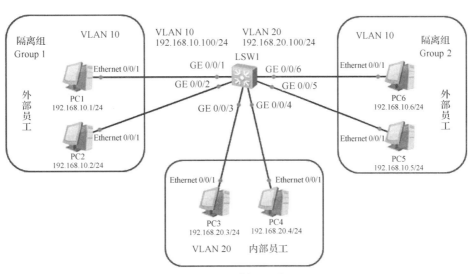

图 5.13　三层端口隔离配置

（1）配置交换机 LSW1，相关实例代码如下。

```
<Huawei>system-view
[Huawei]sysname LSW1
[LSW1]vlan batch 10 20                                    // 创建 VLAN 10、VLAN 20
[LSW1]interface Vlanif 10
[LSW1-Vlanif10]ip address 192.168.10.100 24               // 配置 VLAN 10 的 IP 地址
[LSW1-Vlanif10]quit
[LSW1]interface Vlanif 20
[LSW1-Vlanif20]ip address 192.168.20.100 24               // 配置 VLAN 20 的 IP 地址
[LSW1-Vlanif20]quit
[LSW1]port-isolate mode all                               // 配置隔离模式为二层、三层都隔离
[LSW1]interface GigabitEthernet 0/0/1
[LSW1-GigabitEthernet0/0/1]port link-type access
[LSW1-GigabitEthernet0/0/1]port default vlan 10
[LSW1-GigabitEthernet0/0/1]port-isolate enable
// 配置为隔离端口，默认将端口划分到隔离组 Group 1 中
[LSW1-GigabitEthernet0/0/1]quit
[LSW1]interface GigabitEthernet 0/0/2
[LSW1-GigabitEthernet0/0/2]port link-type access
[LSW1-GigabitEthernet0/0/2]port default vlan 10
[LSW1-GigabitEthernet0/0/2]port-isolate enable
// 配置为隔离端口，默认将端口划分到隔离组 Group 1 中
[LSW1-GigabitEthernet0/0/2]quit
[LSW1]interface GigabitEthernet 0/0/3
[LSW1-GigabitEthernet0/0/3]port link-type access
[LSW1-GigabitEthernet0/0/3]port default vlan 20
[LSW1-GigabitEthernet0/0/3]quit
[LSW1]interface GigabitEthernet 0/0/4
[LSW1-GigabitEthernet0/0/4]port link-type access
[LSW1-GigabitEthernet0/0/4]port default vlan 20
[LSW1-GigabitEthernet0/0/4]quit
[LSW1]interface GigabitEthernet 0/0/5
[LSW1-GigabitEthernet0/0/5]port link-type access
[LSW1-GigabitEthernet0/0/5]port default vlan 10
[LSW1-GigabitEthernet0/0/5]port-isolate enable group 2
// 配置为隔离端口，将端口划分到隔离组 Group 2 中
[LSW1-GigabitEthernet0/0/5]quit
[LSW1]interface GigabitEthernet 0/0/6
[LSW1-GigabitEthernet0/0/6]port link-type access
[LSW1-GigabitEthernet0/0/6]port default vlan 10
[LSW1-GigabitEthernet0/0/6]port-isolate enable group 2
// 配置为隔离端口，将端口划分到隔离组 Group 2 中
[LSW1-GigabitEthernet0/0/6]quit
[LSW1]
```

（2）显示交换机 LSW1 的配置信息，主要相关实例代码如下。

```
[LSW1]display current-configuration
#
sysname LSW1
#
vlan batch 10 20
#
port-isolate mode all
#
interface Vlanif10
   ip address 192.168.10.100 255.255.255.0
#
interface Vlanif20
```

```
    ip address 192.168.20.100 255.255.255.0
#
interface GigabitEthernet0/0/1
    port link-type access
    port default vlan 10
    port-isolate enable group 1
#
interface GigabitEthernet0/0/2
    port link-type access
    port default vlan 10
    port-isolate enable group 1
#
interface GigabitEthernet0/0/3
    port link-type access
    port default vlan 20
#
interface GigabitEthernet0/0/4
    port link-type access
    port default vlan 20
#
interface GigabitEthernet0/0/5
    port link-type access
    port default vlan 10
    port-isolate enable group 2
#
interface GigabitEthernet0/0/6
    port link-type access
    port default vlan 10
    port-isolate enable group 2
#
user-interface con 0
user-interface vty 0 4
#
return
[LSW1]
```

（3）进行相关测试。配置主机 PC1 的 IP 地址为 192.168.10.1，主机 PC2 的 IP 地址为 192.168.10.2，网关均为 192.168.10.100，如图 5.14 所示。

图 5.14　配置主机 PC1 与主机 PC2 的 IP 地址

使用主机 PC1 访问主机 PC2。主机 PC1 与主机 PC2 为 VLAN 10 的外部员工，都属于隔离组 Group 1，并且隔离模式为二层、三层都隔离。主机 PC1 与主机 PC2 不可以相互访问，测试结果如图 5.15 所示。

图 5.15　使用主机 PC1 访问主机 PC2 的测试结果

（4）进行相关测试。配置主机 PC3 的 IP 地址为 192.168.20.3，主机 PC4 的 IP 地址为 192.168.20.4，网关均为 192.168.20.100，如图 5.16 所示。

图 5.16　配置主机 PC3 与主机 PC4 的 IP 地址

使用主机 PC1 访问主机 PC3。主机 PC1 为 VLAN 10 的外部员工，属于隔离组 Group 1；主机 PC3 为 VLAN 20 的内部员工。主机 PC1 与主机 PC3 可以相互访问，测试结果如图 5.17 所示。

图 5.17　使用主机 PC1 访问主机 PC3 的测试结果

配置主机 PC5 的 IP 地址为 192.168.10.5，使用主机 PC1 访问主机 PC5。主机 PC1 为 VLAN 10 的外部员工，属于隔离组 Group 1；主机 PC5 为 VLAN 10 的外部员工，属于隔离组 Group 2。主机 PC1 与主机 PC5 可以相互访问，测试结果如图 5.18 所示。

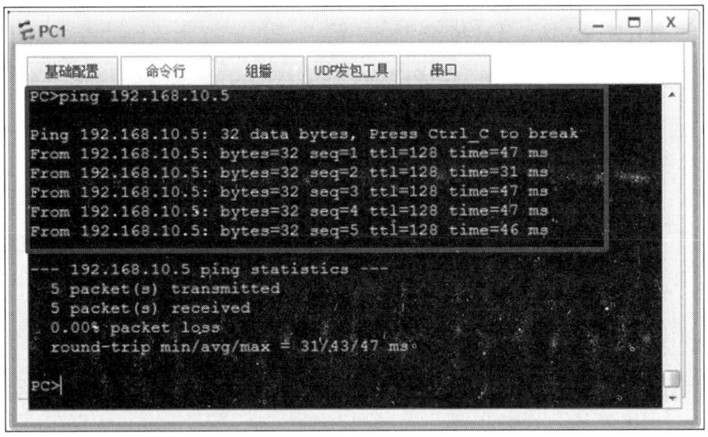

图 5.18　使用主机 PC1 访问主机 PC5 的测试结果

任务 5.2　交换机端口接入安全配置

小李是公司的网络工程师。随着公司规模的不断扩大，公司网络的子网数量也在不断增加，公司网络的安全性与可靠性越来越重要。于是，公司领导安排小李对公司的网络进行优化，要求既要对接入终端进行相应的端口安全管理与配置，又要满足不同用户的访问需求。小李根据公司的要求制作了一份合理的网络实施方案，他该如何完成网络设备的相应配置呢？

5.2.1　交换机安全端口概述

交换机端口是连接网络终端设备的重要关口，加强交换机端口的安全管理是提高整个网络安全性的关键。默认情况下，交换机的所有端口都是完全开放的，不提供任何安全检查措施，允许所有数据流通过，因此，交换机安全端口技术是网络安全防范中常用的接入安全技术之一。对交换机的端口增加安全访问功能，可以有效保护网络内用户的安全。通常交换机安全端口保护是在交换机二层端口上进行配置的。

5.2.2 安全端口地址绑定

网络中的不安全因素非常多,许多网络攻击采用了欺骗源 IP 地址或源 MAC 地址的方法,对网络核心设备进行连续数据包的攻击,从而消耗网络核心设备的资源。常见的网络攻击有 MAC 地址攻击、ARP 攻击、DHCP 攻击等,对于这些针对交换机端口的攻击行为,可以启用交换机端口的安全功能来进行防范。为了防范这些攻击,可以采取如下措施。

1. 绑定交换机安全端口地址

交换机的端口安全功能通过报文的源 MAC 地址、源 MAC 地址 + 源 IP 地址或者仅源 IP 地址来决定报文是否可以进入交换机的端口,用户可以通过静态设置特定的 MAC 地址、静态 IP 地址 +MAC 地址绑定或者仅 IP 地址绑定,或者动态学习限定个数的 MAC 地址来控制报文是否可以进入端口。使用端口安全功能的端口称为安全端口。只有源 MAC 地址为端口安全地址表中配置的或者绑定的 IP 地址 +MAC 地址、仅 IP 地址绑定或学习到的 MAC 地址的报文才可以进入交换机进行通信,其他报文将被丢弃,如图 5.19 所示。

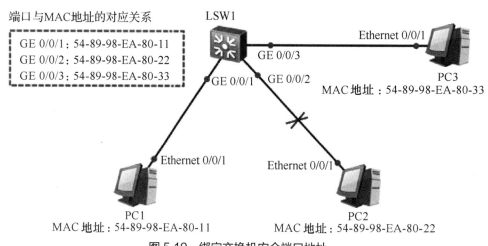

图 5.19 绑定交换机安全端口地址

2. 限制安全端口连接个数

交换机的端口安全功能还表现在可以限制一个端口上安全地址的连接个数。如果一个端口被配置为安全端口,并且配置了最大连接个数,则当连接的安全地址的个数达到允许的最大连接个数时,或者当该端口收到的源地址不属于该端口的安全地址时,交换机将产生一个安全违例通知,并会按照事先定义的违例处理方式进行操作。

为安全端口设置最大连接个数是为了防止过多用户接入网络,如果对交换机上某个端口只配置了一个安全地址,则连接到这个端口的计算机将独享该端口的全部带宽。

当产生安全违例时,可以针对不同的网络安全需要,采用不同的安全违例处理方式。安全端口的保护动作及其功能描述如表 5.1 所示。

表 5.1 安全端口的保护动作及其功能描述

动作	功能描述
restrict	丢弃源 MAC 地址不存在的报文并上报告警
protect	只丢弃源 MAC 地址不存在的报文，不上报告警
shutdown	端口状态被置为 Error-down，并上报告警。 默认情况下，端口关闭后不会自动恢复，只能由网络管理人员在端口视图下使用 restart 命令重启端口进行恢复。 如果用户希望被关闭的端口可以自动恢复，则可在端口进入 Error-down 状态前，通过在系统视图下使用 error-down auto-recovery cause auto-defend interval interval-value 命令使端口状态自动恢复为 Up，并设置端口自动恢复为 Up 状态的延迟时间，使被关闭的端口经过延迟时间后能够自动恢复

配置安全端口存在以下限制。

（1）安全端口必须是接入端口及连接终端设备端口，而不能是干道端口。

（2）安全端口不能是聚合端口。

任务实施

在网络中，MAC 地址是设备中不变的物理地址，控制了 MAC 地址接入就控制了交换机的端口接入，所以端口安全从某种程度上也可以说就是 MAC 地址的安全。在交换机中，内容可寻址存储器（Content Addressable Memory，CAM）表又称 MAC 地址表，其中记录了与交换机相连的设备的 MAC 地址、端口号、所属 VLAN 等对应关系。

配置交换机安全端口，如图 5.20 所示，交换机 LSW1 连接主机 PC1 和主机 PC2，交换机 LSW2 连接主机 PC3 和主机 PC4。主机 PC1 和主机 PC2 的 IP 地址、MAC 地址等如图 5.21 所示。

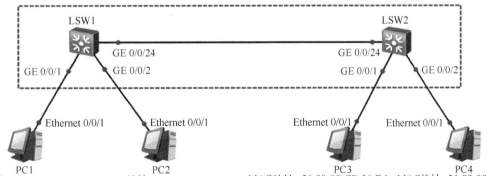

图 5.20 配置交换机安全端口

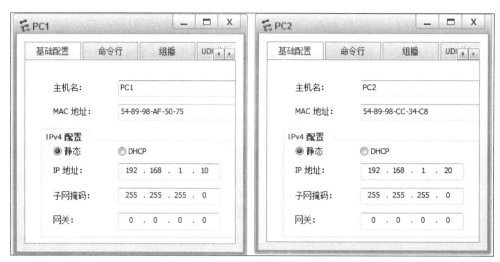

图 5.21 主机 PC1 和主机 PC2 的 IP 地址、MAC 地址等

1. MAC 地址表

（1）静态 MAC 地址表：手动绑定，优先级高于动态 MAC 地址表。

（2）动态 MAC 地址表：交换机收到数据帧后会将源 MAC 地址学习到 MAC 地址表中。

（3）黑洞 MAC 地址表：手动绑定或自动学习，用于丢弃指定的 MAC 地址。

2. 配置静态 MAC 地址表

相关实例代码如下。

```
[Huawei]sysname LSW1
[LSW1]mac-address static ?
    H-H-H   MAC address          //绑定MAC地址格式：H-H-H
[LSW1]mac-address static 5489-98AF-5075 GigabitEthernet 0/0/1 vlan 1
                                //将MAC地址绑定到端口GE 0/0/1，在VLAN 1中有效
[LSW1]mac-address static 5489-98CC-34C8 GigabitEthernet 0/0/2 vlan 1
                                //将MAC地址绑定到端口GE 0/0/2，在VLAN 1中有效
```

3. 配置黑洞 MAC 地址表

相关实例代码如下。

```
[Huawei]sysname LSW2
[LSW2]mac-address blackhole 5489-98CF-56D4 vlan 1
                //将主机PC3的MAC地址设置为黑洞MAC地址，在VLAN 1中有效
```

测试主机 PC1 与主机 PC3、主机 PC4 的连通性，如图 5.22 所示。从图 5.22 中可以看出，主机 PC1 可以访问主机 PC4，但不能访问主机 PC3。因为主机 PC3 的 MAC 地址被配置为黑洞 MAC 地址，交换机 LSW2 将丢弃指定 MAC 地址的报文，所以主机 PC1 无法访问主机 PC3，而可以访问主机 PC4。

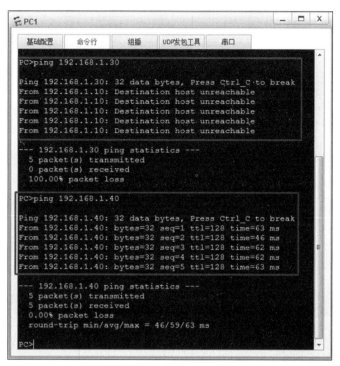

图 5.22　测试主机 PC1 与主机 PC3、主机 PC4 的连通性

4．禁止端口学习 MAC 地址

相关实例代码如下。

```
[LSW1]interface GigabitEthernet 0/0/2
[LSW1-GigabitEthernet0/0/2]mac-address learning disable action discard
                                    // 禁止学习 MAC 地址，并将收到的所有帧丢弃
[LSW1-GigabitEthernet0/0/2]mac-address learning disable action forward
    // 禁止学习 MAC 地址，但是将收到的帧以泛洪方式转发出去
[LSW1-GigabitEthernet0/0/2]quit
[LSW1]
```

测试主机 PC1 与主机 PC2 的连通性，如图 5.23 所示。由于交换机 LSW1 的端口 GE 0/0/2 被配置为禁止学习 MAC 地址，所以主机 PC1 无法访问主机 PC2。

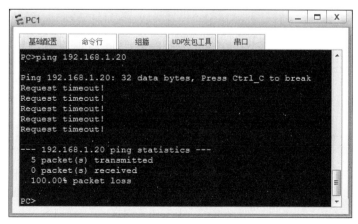

图 5.23　测试主机 PC1 与主机 PC2 的连通性

5. 配置端口安全动态 MAC 地址

相关实例代码如下。

```
[LSW1]interface GigabitEthernet0/0/10
[LSW1-GigabitEthernet0/0/10]mac-limit maximum 5 alarm enable
// 交换机限制 MAC 地址学习数量为 5 个，并在超出数量时发出告警，超出限制的 MAC 地址将无法被端口学习到，但是
// 可以通过泛洪方式被转发出去
[LSW1]interface GigabitEthernet0/0/11
[LSW1-GigabitEthernet0/0/11]port-security enable                    // 使用端口安全功能
[LSW1-GigabitEthernet0/0/11]port-security max-mac-num 1
// 限制安全 MAC 地址最大数量为 1 个，其默认值为 1
[LSW1-GigabitEthernet0/0/11]port-security protect-action ?
    protect    Discard packets
    restrict   Discard packets and warning
    shutdown   Shutdown
[LSW1-GigabitEthernet0/0/11]port-security aging-time 300
                                // 配置安全 MAC 地址的老化时间为 300s，默认不老化
```

6. 查看 MAC 地址状态

使用 display mac-address 命令查看 MAC 地址状态，如图 5.24 所示。

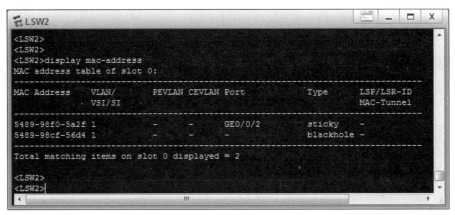

图 5.24　查看 MAC 地址状态

7. 配置端口转发模式

相关实例代码如下。

```
[LSW1]interface GigabitEthernet 0/0/24
[LSW1-GigabitEthernet 0/0/24]undo negotiation auto      // 取消自动协商模式
[LSW1-GigabitEthernet 0/0/24]duplex full                // 设置为全双工模式
[LSW1-GigabitEthernet 0/0/24]speed 1000                 // 转发速率为1000Mbit/s
```

8. 端口恢复默认配置与端口自动恢复命令

相关实例代码如下。

```
[LSW1] clear configuration interface GigabitEthernet 0/0/24    // 端口恢复默认配置命令
[LSW1] error-down auto-recovery cause bpdu-protection interval 300
// 在运行 STP 的网络中，边缘端口使用 BPDU 保护功能后，配置端口状态自动恢复为 Up 需要的时间是 300s
```

任务 5.3 配置 ACL

小李是公司的网络工程师。随着公司规模的不断扩大，公司网络的安全性与可靠性越来越重要。公司领导安排小李对公司的网络进行优化，要求既要针对不同部门的业务流量制定相应的访问策略，又要满足不同用户的访问需求。小李根据公司的要求制作了一份合理的网络实施方案，他该如何完成网络设备的相应配置呢？

5.3.1 ACL 概述

访问控制列表（Access Control List，ACL）是由一条或多条规则组成的集合。这里的规则是指描述报文匹配条件的判断语句，这些条件可以是报文的源地址、目的地址、端口号等。ACL 本质上是一种报文"过滤器"，规则则是过滤器的"滤芯"。设备基于这些规则进行报文匹配，可以过滤出特定的报文，并根据应用 ACL 的业务模块的处理策略来允许或阻止报文通过。

ACL 由一系列包过滤规则组成，每条规则都明确地定义了对指定类型数据进行的操作（如允许、拒绝等），ACL 可关联作用于三层端口、VLAN，并且具有方向性。当设备收到一个需要 ACL 处理的数据分组时，会按照 ACL 的列表项自上向下进行顺序处理。一旦找到匹配项，就不再处理列表中的后续语句；如果列表中没有匹配项，则将此数据分组丢弃。

ACL 可以应用于诸多业务模块，其中最基本的就是在简化流策略中应用 ACL，使设备能够基于全局、VLAN 或端口下发 ACL，实现对转发报文的过滤。此外，ACL 可以应用于 Telnet、FTP 和路由等模块。

1. 匹配过程

路由器端口的访问控制取决于应用在其上的 ACL。数据在进（出）网络前，路由器会根据 ACL 对其进行匹配，若匹配成功，则对数据进行过滤或转发；若匹配失败，则丢弃数据。

ACL 实质上是一系列带有自上向下逻辑顺序的判断语句。当数据到达路由器端口时，ACL 将数据与第 1 条语句进行比较，如果条件符合，则直接进入控制策略，后面的语句将被忽略不再检查；如果条件不符合，则将数据交给第 2 条语句进行比较，若条件符合则直接进入控制策略，若条件不符合，则继续交给下一条语句；以此类推，如果数据到达最后一条语句仍然不匹配，即所有判断语句条件都不符合，则拒绝并丢弃该数据，如图 5.25 所示。

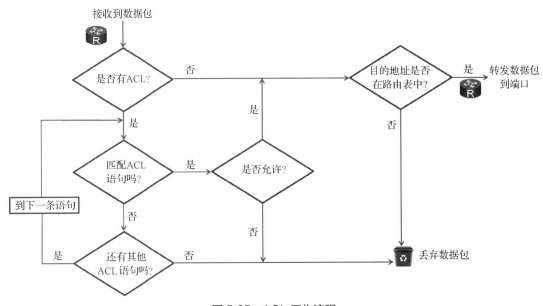

图 5.25　ACL 工作流程

2. ACL 的作用

ACL 的主要作用如下。

（1）允许或拒绝特定的数据流通过网络设备，如通过防止攻击、访问控制、节省带宽等功能。

（2）对特定的数据流、报文和路由条目等进行匹配和标识，以用于其他目的路由过滤，如服务质量（Quality of Service，QoS）、route-map 等。

3. ACL 分类

（1）按照 ACL 规则功能的不同，ACL 被划分为基本 ACL、高级 ACL、二层 ACL、用户自定义 ACL 和用户 ACL 这 5 种类型。每种类型的 ACL 对应的编号范围是不同的，如表 5.2 所示。例如，ACL 2000 属于基本 ACL，ACL 3998 属于高级 ACL。因为高级 ACL 可以定义比基本 ACL 更准确、更丰富、更灵活的规则，所以高级 ACL 的功能更加强大。

表 5.2　ACL 分类

ACL 类别	规则定义描述	编号范围
基本 ACL	仅使用报文的源 IP 地址、分片标记和时间段信息来定义规则	2000～2999

续表

ACL 类别	规则定义描述	编号范围
高级 ACL	既可使用报文的源 IP 地址，又可使用目的 IP 地址、IP 优先级、服务类型（Type of Service，ToS）、区分服务码点（Differentiated Sevices Code Point，DSCP）、IP 类型、ICMP 类型、TCP 源端口 / 目的端口号、UDP 源端口 / 目的端口号等来定义规则	3000 ～ 3999
二层 ACL	可根据报文的以太网帧头信息来定义规则，如根据源 MAC 地址、目的 MAC 地址、以太帧协议类型等来定义规则	4000 ～ 4999
用户自定义 ACL	可根据报文偏移位置和偏移量来定义规则	5000 ～ 5999
用户 ACL	既可使用 IPv4 报文的源 IP 地址或源用户控制列表（User Control List，UCL）组，又可使用目的 IP 地址或目的 UCL 组、IP 类型、ICMP 类型、TCP 源端口 / 目的端口号、UDP 源端口 / 目的端口号等来定义规则	6000 ～ 9999

（2）基于 ACL 标识方法，可以将 ACL 划分为以下两类。

① 数字型 ACL：使用传统的 ACL 标识方法，创建 ACL 时，指定唯一的数字标识 ACL。

② 命名型 ACL：使用名称代替编号来标识 ACL。

用户在创建 ACL 时可以为其指定编号，不同的编号对应不同类型的 ACL；同时，为了便于记忆和识别，用户还可以创建命名型 ACL，即在创建 ACL 时为其设置名称。命名型 ACL 也可以是 "名称+数字" 的形式，即在定义命名型 ACL 时指定 ACL 编号。如果不指定编号，则系统会自动为其分配一个数字型 ACL 的编号。

4. 应用规则

ACL 规则称为 rule，其中的 "deny | permit" 称为 ACL 动作，表示拒绝 / 允许。

每条规则都拥有自己的规则编号，如 rule 5、rule 10、rule 200 的编号分别为 5、10、200。这些编号可以由用户自行配置，也可以由系统自动分配，系统自动分配编号的规则如下。

ACL 规则的编号为 0 ～ 4294967294，所有规则均按照编号从小到大进行排序。所以，rule 0 排在首位，而编号最大的 rule 4294967294 排在末位。系统按照规则编号从小到大的顺序将规则依次与报文进行匹配，一旦匹配到一条规则即停止匹配。

5. ACL 匹配顺序

一个 ACL 可以由多条 "deny | permit" 语句组成，每一条语句描述一条规则，这些规则

可能存在重复或矛盾的地方。例如，在一个 ACL 中先后配置以下两条规则。

```
rule deny ip destination 192.168.10.0 0.0.0.255
      //表示拒绝目的 IP 地址为 192.168.10.0/24 网段地址的报文通过
rule permit ip destination 192.168.20.0 0.0.0.255
      //表示允许目的 IP 地址为 192.168.20.0/24 网段地址的报文通过
```

其中，permit 规则与 deny 规则是矛盾的。对于目的 IP 地址为 192.168.20.1 的报文，如果系统先将 deny 规则与其匹配，则该报文会被拒绝通过。相反，如果系统先将 permit 规则与其匹配，则该报文会被允许通过。因此，对于规则之间存在重复或矛盾的情形，报文的匹配结果与 ACL 的匹配顺序是息息相关的。

设备支持两种 ACL 匹配顺序：配置顺序（config 模式）和自动排序（auto 模式）。默认的 ACL 匹配顺序是配置顺序。

（1）配置顺序。系统按照 ACL 规则编号从小到大的顺序进行报文匹配，规则编号越小越容易被匹配。

如果配置规则时指定了规则编号，则规则编号越小，规则的插入位置越靠前，该规则越先被匹配。

如果配置规则时未指定规则编号，则由系统自动为其分配一个编号，该编号是一个大于当前 ACL 内最大规则编号且是步长整数倍的最小整数，因此该规则会被最后匹配。

（2）自动排序。系统使用"深度优先"的原则，将规则按照精确度从高到低进行排序，并按照精确度从高到低的顺序进行报文匹配。

6. 步长

步长是指系统自动为 ACL 规则分配编号时，相邻规则编号的差值。也就是说，系统是根据步长自动为 ACL 规则分配编号的。

若 ACL 的步长是 5，则系统按照 5、10、15……这样的规律为 ACL 规则分配编号。如果将步长调整为 2，那么规则编号会自动从 2 开始重新排列，变成 2、4、6……

ACL 的默认步长是 5。使用 display acl acl-number 命令可以查看 ACL 规则、步长等配置信息，使用 step 命令可以修改 ACL 的步长。

5.3.2 基本 ACL

基本 ACL 的重要特征：一是通过 2000～2999 的编号来区分不同的 ACL；二是通过检查收到的 IP 数据包中的源 IP 地址信息，对匹配成功的数据包采取允许或拒绝通过的操作。

基本 ACL 通过检查收到的 IP 数据包中的源 IP 地址信息来控制网络中数据包的流向。如果要允许或拒绝来自某一特定网络的数据包，则可以使用基本 ACL 来实现。基本 ACL 只能过滤 IP 数据包头中的源 IP 地址，如图 5.26 所示。

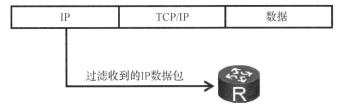

图 5.26　基本 ACL

1. ACL 的常用配置原则

配置 ACL 规则时，可以遵循以下原则。

（1）如果配置的 ACL 规则存在包含关系，则排序时应注意条件严格的规则编号需要靠前，条件宽松的规则编号需要靠后，以避免报文因命中条件宽松的规则而停止向下继续匹配，从而无法命中条件严格的规则。

（2）根据各业务模块 ACL 默认动作的不同，ACL 的配置原则也不同。例如，在默认动作为 permit 的业务模块中，如果只希望过滤掉 deny 部分 IP 地址的报文，则只需配置具体 IP 地址的 deny 规则，无须在结尾处添加任意 IP 地址的 permit 规则；而默认动作为 deny 的业务模块恰好与其相反。详细的 ACL 常用配置原则如表 5.3 所示。

表 5.3　详细的 ACL 常用配置原则

ACL 默认动作	permit 所有报文	deny 所有报文	permit 少部分报文，deny 大部分报文	deny 少部分报文，permit 大部分报文
permit	无须应用 ACL	配置 rule deny	需先配置 rule permit xxx，再配置 rule deny xxxx 或 rule deny。 说明：以上原则适用于报文过滤的情形。当 ACL 应用于流策略中进行流量监管或者流量统计时，如果仅希望对指定的报文进行限速或统计，则只需配置 rule permit xxx	只需配置 rule deny xxx，无须配置 rule permit xxxx 或 rule permit。 说明：如果配置 rule permit 并在流策略中应用 ACL，且将该流策略的流行为 behavior 配置为 deny，则设备会拒绝所有报文通过，导致全部业务中断
deny	路由和组播模块需配置 rule permit，其他模块无须应用 ACL	路由和组播模块无须应用 ACL，其他模块需配置 rule deny	只需配置 rule permit xxx，无须配置 rule deny xxxx 或 rule deny	需先配置 rule deny xxx，再配置 rule permit xxxx 或 rule permit

2. 实例应用

实例 1：在流策略中应用 ACL，使设备对 192.168.1.0/24 网段的报文进行过滤，拒绝 IP 地址为 192.168.1.1 和 192.168.1.2 的主机的报文通过，允许 192.168.1.0/24 网段的其他 IP 地址的报文通过。

流策略的 ACL 默认动作为 permit，此例属于"deny 少部分报文，permit 大部分报文"的情况，所以只需配置 rule deny xxx。代码如下。

```
#
acl number 2021
   rule 5 deny source 192.168.1.1 0
   rule 10 deny source 192.168.1.2 0
#
```

实例 2：在流策略中应用 ACL，使设备对 192.168.1.0/24 网段的报文进行过滤，允许 IP 地址为 192.168.1.1 和 192.168.1.2 的主机的报文通过，拒绝 192.168.1.0/24 网段的其他 IP 地址的报文通过。

流策略的 ACL 默认动作为 permit，此例属于"permit 少部分报文，deny 大部分报文"的情况，所以需先配置 rule permit xxx，再配置 rule deny xxxx。代码如下。

```
#
acl number 2021
   rule 5 permit source 192.168.1.1 0
   rule 10 permit source 192.168.1.2 0
   rule 15 deny source 192.168.1.0 0.0.0.255
#
```

实例 3：在 Telnet 中应用 ACL，仅允许管理员主机（IP 地址为 192.168.1.10）能够通过 Telnet 登录设备，拒绝其他用户通过 Telnet 登录设备。

Telnet 的 ACL 默认动作为 deny，此例属于"permit 少部分报文，deny 大部分报文"的情况，所以只需配置 rule permit xxx。代码如下。

```
#
acl number 2021
   rule 5 permit source 192.168.1.10 0
#
```

3. 应用规则

在网络设备上配置好 ACL 规则后，还需要把配置好的规则应用在相应的端口上，只有当相应端口激活后，规则才能起作用。

配置 ACL 需要如下 3 个步骤。

（1）定义好 ACL 规则。

（2）指定 ACL 应用的端口。

（3）定义 ACL 作用于端口上的方向。

将 ACL 规则应用到某一端口上的代码如下。

```
[AR1]interface GigabitEthernet 0/0/1
[AR1-GigabitEthernet0/0/1]traffic-filter ?              //在 GE 0/0/1 端口上应用规则
    inbound   Apply ACL to the inbound direction of the interface
    outbound  Apply ACL to the outbound direction of the interface
[AR1-GigabitEthernet0/0/1]traffic-filter inbound acl 2021 //在 GE 0/0/1 端口入口方向上应用规则
[AR1-GigabitEthernet0/0/1]quit
[AR1]
```

上述命令中的参数 inbound 和 outbound 表示控制端口不同方向上的数据包，数据经端口流入设备的方向就是入口方向（inbound），数据经端口流出设备的方向就是出口方向（outbound）。

5.3.3 高级 ACL

高级 ACL 的重要特征：一是通过 3000 ~ 3999 的编号来区分不同的 ACL；二是不仅要检查 IP 数据包中的源 IP 地址信息，还要检查 IP 数据包中的目的 IP 地址、源端口、目的端口、网络连接和 IP 优先级等数据包特征信息，对匹配成功的数据包采取允许或拒绝通过的操作。

高级 ACL 通过检查收到的 IP 数据包特征信息来控制网络中数据包的流向，如图 5.27 所示。

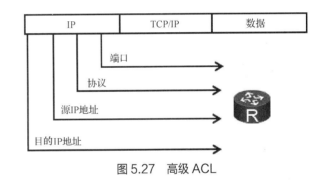

图 5.27　高级 ACL

高级 ACL 根据源 IP 地址、目的 IP 地址、IP 类型、TCP 源端口号/目的端口号、UDP 源端口号/目的端口号、分片信息和生效时间段等信息来定义规则，对 IPv4 报文进行过滤。

高级 ACL 提供了比基本 ACL 更准确、更丰富、更灵活的规则定义方法。例如，如果希望同时根据源 IP 地址和目的 IP 地址对报文进行过滤，则需要配置高级 ACL。

1. 高级 ACL 的常用匹配项

设备支持的 ACL 匹配项种类非常丰富，其中常用的匹配项包括以下几种。

（1）源 IP 地址/目的 IP 地址及其通配符掩码

源 IP 地址及其通配符掩码格式：source { source-address source-wildcard | any }。

目的 IP 地址及其通配符掩码格式：destination { destination-address destination-wildcard | any }。

基本 ACL 支持根据源 IP 地址过滤报文；高级 ACL 不仅支持根据源 IP 地址过滤报文，还支持根据目的 IP 地址过滤报文。

将源 IP 地址 / 目的 IP 地址定义为规则匹配项时，需要在源 IP 地址 / 目的 IP 地址字段后面同时指定通配符掩码，用来与源 IP 地址 / 目的 IP 地址字段共同确定地址范围。

IP 地址通配符掩码与 IP 地址的反向子网掩码类似，是一个 32 位的数字字符串，用于指示 IP 地址中的哪些位将被检查。其中，"0"表示"检查相应的位"，"1"表示"不检查相应的位"，可概括为"检查 0，忽略 1"。与 IP 地址子网掩码不同的是，子网掩码中的"0"和"1"必须连续，而通配符掩码中的"0"和"1"可以不连续。

通配符掩码可以为 0，相当于 0.0.0.0，表示源 IP 地址 / 目的为主机 IP 地址；也可以为 255.255.255.255，表示任意 IP 地址，相当于 any 参数。

（2）TCP/UDP 端口号

源端口号格式：source-port { eq port | gt port | lt port | range port-start port-end }。

目的端口号格式：destination-port { eq port | gt port | lt port | range port-start port-end }。

在高级 ACL 中，当协议类型指定为 TCP 或 UDP 时，设备支持基于 TCP 或 UDP 的源端口号 / 目的端口号过滤报文。

其中，TCP/UDP 端口号的比较符含义如下。

eq port：指定等于源端口 / 目的端口。

gt port：指定大于源端口 / 目的端口。

lt port：指定小于源端口 / 目的端口。

range port-start port-end：指定源端口 / 目的端口的范围。port-start 是端口范围的起始值，port-end 是端口范围的结束值。

TCP/UDP 端口号可以用数字表示，也可以用字符串（助记符）表示。例如，rule deny tcp destination-port eq 80 可以使用 rule deny tcp destination-port eq www 代替。常见的 UDP 端口号及对应的协议和功能描述如表 5.4 所示，常见的 TCP 端口号及对应的协议和功能描述如表 5.5 所示。

表 5.4 常见的 UDP 端口号及对应的协议和功能描述

端口号	协议	功能描述
7	Echo	Echo 服务
9	Discard	用于连接测试的空服务
37	Time	时间协议
42	NameServer	主机名服务
53	DNS	域名服务
69	TFTP	小文件传输协议
137	NetBIOS-NS	NETBIOS 名称服务
138	NetBIOS-DGM	NETBIOS 数据报服务

续表

端口号	协议	功能描述
139	NetBIOS-SSN	NETBIOS 会话服务
161	SNMP	简单网络管理协议
434	mobilip-ag	移动 IP 代理
435	mobilip-mn	移动 IP 管理
513	who	登录的用户列表
517	Talk	远程对话服务器和客户端
520	RIP	RIP

表 5.5 常见的 TCP 端口号及对应的协议和功能描述

端口号	协议	功能描述
7	Echo	Echo 服务
9	Discard	用于连接测试的空服务
20	FTP-data	FTP 数据端口
21	FTP	FTP 端口
23	Telnet	Telnet 服务
25	SMTP	简单邮件传输协议
37	Time	时间协议
43	WHOIS	目录服务
53	DNS	域名服务
80	HTTP	万维网（World Wide Web，WWW）服务的 HTTP，用于网页浏览
109	POP2	邮件协议版本 2
110	POP3	邮件协议版本 3
179	BGP	边界网关协议
513	login	远程登录
514	cmd	远程命令，不必登录的远程 Shell（rshell）和远程复制（rcp）
517	Talk	远程对话服务和用户
543	klogin	Kerberos 版本 5（v5）远程登录
544	kshell	Kerberos 版本 5（v5）远程 Shell

（3）IP 承载的协议类型

格式：protocol-number | icmp | tcp | udp | gre | igmp | ip | ipinip | ospf。

高级 ACL 支持基于协议类型过滤报文。常用的协议类型包括 ICMP（协议号 1）、TCP（协议号 6）、UDP（协议号 17）、GRE（协议号 47）、IGMP（协议号 2）、IP（任何 IP 层协议）、IPinIP（协议号 4）、OSPF（协议号 89）。协议号的取值为 1～255。

例如，当设备某个端口下的用户存在大量的攻击者时，如果希望能够禁止这个端口下的所有用户接入网络，则可以通过指定协议类型为 IP 来屏蔽这些用户的 IP 流量，从而达到目的。配置为 rule deny ip 时，表示拒绝 IP 报文通过。

（4）基于时间的 ACL

ACL 定义了丰富的匹配项，可以满足大部分报文过滤需求。但需求是不断变化和发展的，总会有新的需求出现。例如，某公司只允许员工在上班时间浏览与工作相关的几个网站，员工在下班或周末时间才可以访问其他互联网网站；再如，在每天 20:00～22:00 的网络流量高峰期，为防止 P2P、下载类业务占用大量带宽而对其他数据业务的正常使用造成影响，需要对 P2P、下载类业务的带宽进行限制。

基于时间的 ACL 过滤就是用来解决上述问题的。管理员可以根据网络访问行为的要求和网络的拥塞情况，配置一个或多个 ACL 生效时间段，并在 ACL 规则中引用相应时间段，从而实现在不同的时间段设置不同的策略，达到优化网络的目的。

在 ACL 规则中引用的生效时间段存在以下两种模式。

① 周期时间段：以星期为参数来定义时间范围，表示规则以一星期为周期（如每周一的 8:00～12:00）循环生效。

格式：time-range time-name start-time to end-time { days } &<1-7>。

time-name：时间段名称，以英文字母开头的字符串。

start-time to end-time：开始时间和结束时间，格式为 [小时 : 分钟] to [小时 : 分钟]。

days：有多种表示方式。可以用 Mon、Tue、Wed、Thur、Fri、Sat、Sun 中的一个或者几个的组合表示；也可以用数字表示，0 表示星期日、1 表示星期一……6 表示星期六。

working-day：包括星期一到星期五共 5 天。

daily：包括一周 7 天。

off-day：包括星期六和星期日这两天。

② 绝对时间段：从某年某月某日的某一时间开始，到某年某月某日的某一时间结束，表示规则在这个时间段内生效。

格式：time-range time-name from time1 date1 [to time2 date2]。

time-name：时间段名称，以英文字母开头的字符串。

time1/time2：格式为 [小时 : 分钟]。

date1/date2：格式为 [YYYY/MM/DD]，表示年 / 月 / 日。

可以使用同一名称（time-name）配置内容不同的多个时间段，配置的各周期时间段之间和各绝对时间段之间的交集将成为最终的生效时间段。

例如，在 ACL 3021 中引用了时间段 workup-1，workup-1 包含 3 个生效时间段。代码如下。

```
#
time-range workup-1 9:00 to 17:00 working-day
time-range workup-1 13:00 to 20:00 off-day
time-range workup-1 from 00:00 2021/01/01 to 23:59 2021/12/31
#
acl number 3021
rule 5 permit ip source 192.168.1.0 0.0.0.255 time-range workup-1
#
```

第一个时间段：表示在星期一到星期五每天 9:00 ~ 17:00 生效，这是一个周期时间段。

第二个时间段：表示在星期六、星期日下午 13:00 ~ 20:00 生效，这是一个周期时间段。

第三个时间段：表示从 2021 年 1 月 1 日 00:00 ~ 2021 年 12 月 31 日 23:59 生效，这是一个绝对时间段。

时间段 workup-1 最终描述的时间范围如下：2021 年的星期一到星期五每天 9:00 ~ 17:00 及星期六和星期日下午 13:00 ~ 20:00。

2. 应用实例

实例 1：配置基于 ICMP 类型、源 IP 地址（主机地址）和目的 IP 地址（网段地址）过滤报文的规则。

在 ACL 3021 中配置规则，允许源 IP 地址是 192.168.1.1 且目的 IP 地址是 192.168.2.0/24 网段的 ICMP 报文通过。代码如下。

```
<HUAWEI> system-view
[HUAWEI]sysname LSW1
[LSW1] acl 3021
[LSW1-acl-adv-3021] rule permit icmp source 192.168.1.1 0 destination 192.168.2.0 0.0.0.255
```

实例 2：配置基于 TCP 类型、TCP 目的端口号、源 IP 地址和目的 IP 地址过滤报文的规则。

在名称为 not-web 的高级 ACL 中配置规则，禁止 192.168.1.1 和 192.168.1.2 两台主机访问 Web 网页（HTTP 用于网页浏览，对应 TCP 端口号是 80），并配置 ACL 描述信息为 Web-access-restrictions。代码如下。

```
[HUAWEI]sysname LSW1
[LSW1] acl name not-web
```

```
[LSW1-acl-adv-not-web] description Web-access-restrictions
[LSW1-acl-adv-not-web] rule deny tcp destination-port eq 80 source 192.168.1.1 0
[LSW1-acl-adv-not-web] rule deny tcp destination-port eq 80 source 192.168.1.2 0
```

5.3.4 配置基本 ACL

（1）配置基本 ACL，进行网络拓扑连接，相关端口与 IP 地址配置如图 5.28 所示。

配置网段 192.168.1.0 中的主机只可以访问 FTP 服务器，不可以访问 Web 服务器；配置网段 192.168.2.0 中的主机既可以访问 FTP 服务器，又可以访问 Web 服务器；配置所有主机只有上班时间（星期一至星期五 8:00:00 ～ 18:00:00）可以访问 Web 服务器、FTP 服务器，其他时间不可以访问；全网使用 RIP。

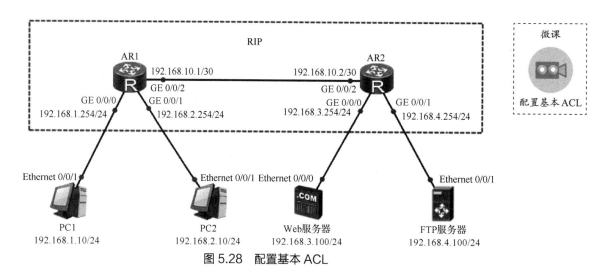

图 5.28 配置基本 ACL

（2）配置路由器 AR1，相关实例代码如下。

```
<Huawei>system-view
[Huawei]sysname AR1
[AR1]interface GigabitEthernet 0/0/0
[AR1-GigabitEthernet0/0/0]ip address 192.168.1.254 24
[AR1-GigabitEthernet0/0/0]quit
[AR1]interface GigabitEthernet 0/0/1
[AR1-GigabitEthernet0/0/1]ip address 192.168.2.254 24
[AR1-GigabitEthernet0/0/1]quit
[AR1]interface GigabitEthernet 0/0/2
[AR1-GigabitEthernet0/0/2]ip address 192.168.10.1 30
[AR1]rip
[AR1-rip-1]network 192.168.1.0
[AR1-rip-1]network 192.168.2.0
[AR1-rip-1]network 192.168.10.0
[AR1-rip-1]quit
[AR1]quit
```

```
<AR1>clock datetime 09:15:10 2021-05-02          // 配置当前时间
```

（3）配置路由器 AR2，相关实例代码如下。

```
<Huawei>system-view
[Huawei]sysname AR2
[AR2]interface GigabitEthernet 0/0/0
[AR2-GigabitEthernet0/0/0]ip address 192.168.3.254 24
[AR2-GigabitEthernet0/0/0]quit
[AR2]interface GigabitEthernet 0/0/1
[AR2-GigabitEthernet0/0/1]ip address 192.168.4.254 24
[AR2-GigabitEthernet0/0/1]quit
[AR2]interface GigabitEthernet 0/0/2
[AR2-GigabitEthernet0/0/2]ip address 192.168.10.2 30
[AR2-GigabitEthernet0/0/2]quit
[AR2]rip
[AR2-rip-1]network 192.168.3.0
[AR2-rip-1]network 192.168.4.0
[AR2-rip-1]network 192.168.10.0
[AR2-rip-1]quit
[AR2]time-range workup-1 8:00 to 18:00 working-day
[AR2]time-range workup-1 from 00:00 2021/01/01 to 23:59 2021/12/31
[AR2]acl number 2021                              // 配置基本 ACL
[AR2-acl-basic-2001]rule permit source 192.168.1.0 0.0.0.255 time-range workup-1
[AR2-acl-basic-2001]rule permit source 192.168.2.0 0.0.0.255 time-range workup-1
[AR2-acl-basic-2001]quit
[AR2]acl number 2022                              // 配置基本 ACL
[AR2-acl-basic-2022]rule deny source 192.168.1.0 0.0.0.255 time-range workup-1
[AR2-acl-basic-2022]quit
[AR2]interface GigabitEthernet 0/0/2
[AR2-GigabitEthernet0/0/2]traffic-filter inbound acl 2021
                                    // 应用 ACL 在 GE 0/0/0 端口入口方向上
[AR2-GigabitEthernet0/0/2]quit
[AR2]interface GigabitEthernet 0/0/0
[AR2-GigabitEthernet0/0/0]traffic-filter outbound acl 2022
                                    // 应用 ACL 在 GE 0/0/2 端口出口方向上
[AR2-GigabitEthernet0/0/0]quit
[AR2]quit
<AR2>clock datetime 09:15:30 2021-05-02          // 配置当前时间
```

（4）显示路由器 AR1、AR2 的配置信息。以路由器 AR2 为例，主要相关实例代码如下。

```
<AR2>display current-configuration
#
sysname AR2
#
   clock timezone China-Standard-Time minus 08:00:00
#
   time-range workup-1 08:00 to 18:00 working-day
   time-range workup-1 from 00:00 2021/1/1 to 23:59 2021/12/31
#
acl number 2021
   rule 5 permit source 192.168.1.0 0.0.0.255 time-range workup-1
   rule 10 permit source 192.168.2.0 0.0.0.255 time-range workup-1
acl number 2022
   rule 5 permit source 192.168.2.0 0.0.0.255 time-range workup-1
   rule 10 deny source 192.168.1.0 0.0.0.255 time-range workup-1
#
interface GigabitEthernet0/0/0
```

```
    ip address 192.168.3.254 255.255.255.0
    traffic-filter outbound acl 2022
#
interface GigabitEthernet0/0/1
    ip address 192.168.4.254 255.255.255.0
#
interface GigabitEthernet0/0/2
    ip address 192.168.10.2 255.255.255.252
    traffic-filter inbound acl 2021
#
rip 1
    network 192.168.3.0
    network 192.168.4.0
    network 192.168.10.0
#
return
<AR2>
```

（5）查看路由器 AR1、AR2 的路由表信息。以路由器 AR2 为例，如图 5.29 所示。

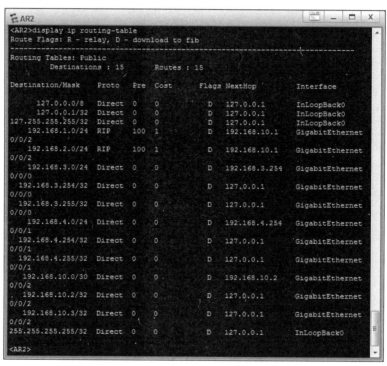

图 5.29　路由器 AR2 的路由表信息

（6）测试主机 PC1 的连通性。当主机 PC1（192.168.1.10）访问 Web 服务器（192.168.3.100）时，可以看到主机 PC1 无法访问 Web 服务器；当主机 PC1 访问 FTP 服务器（192.168.4.100）时，可以看到主机 PC1 可以访问 FTP 服务器，如图 5.30 所示。

配置基本 ACL——结果测试

（7）测试主机 PC2 的连通性。当主机 PC2（192.168.2.10）访问 Web 服务器（192.168.3.100）时，可以看到主机 PC2 可以访问 Web 服务器；当主机 PC2 访问 FTP 服务器（192.168.4.100）时，可以看到主机 PC2 可以访问 FTP 服务器，如图 5.31 所示。

项目5 网络安全配置与管理

图 5.30 测试主机 PC1 的连通性

图 5.31 测试主机 PC2 的连通性

5.3.5 配置高级 ACL

（1）配置高级 ACL，进行网络拓扑连接，相关端口与 IP 地址配置如图 5.32 所示。

配置网段 192.168.1.0 中的主机只可以访问 FTP 服务器，不可以访问 Web 服务器；配置网段 192.168.2.0 中的主机既可以访问 FTP 服务器，又可以访问 Web 服务器；全网使用 OSPF 协议。

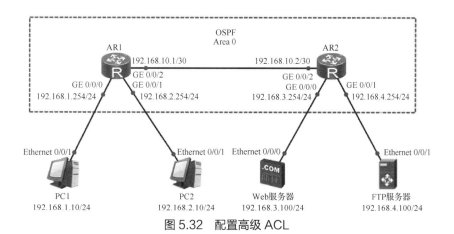

配置高级 ACL

图 5.32 配置高级 ACL

（2）配置路由器 AR1，相关实例代码如下。

```
<Huawei>system-view
[Huawei]sysname AR1
[AR1]interface GigabitEthernet 0/0/0
[AR1-GigabitEthernet0/0/0]ip address 192.168.1.254 24
[AR1-GigabitEthernet0/0/0]quit
[AR1]interface GigabitEthernet 0/0/1
[AR1-GigabitEthernet0/0/1]ip address 192.168.2.254 24
```

```
[AR1-GigabitEthernet0/0/1]quit
[AR1]interface GigabitEthernet 0/0/2
[AR1-GigabitEthernet0/0/2]ip address 192.168.10.1 30
[AR1-GigabitEthernet0/0/2]quit
[AR1]router id 1.1.1.1
[AR1]ospf
[AR1-ospf-1]area 0
[AR1-ospf-1-area-0.0.0.0]network 192.168.1.0 0.0.0.255
[AR1-ospf-1-area-0.0.0.0]network 192.168.2.0 0.0.0.255
[AR1-ospf-1-area-0.0.0.0]network 192.168.10.0 0.0.0.3
[AR1-ospf-1-area-0.0.0.0]quit
[AR1-ospf-1]quit
[AR1]
```

（3）配置路由器 AR2，相关实例代码如下。

```
<Huawei>system-view
[Huawei]sysname AR2
[AR2]interface GigabitEthernet 0/0/0
[AR2-GigabitEthernet0/0/0]ip address 192.168.3.254 24
[AR2-GigabitEthernet0/0/0]quit
[AR2]interface GigabitEthernet 0/0/1
[AR2-GigabitEthernet0/0/1]ip address 192.168.4.254 24
[AR2-GigabitEthernet0/0/1]quit
[AR2]interface GigabitEthernet 0/0/2
[AR2-GigabitEthernet0/0/2]ip address 192.168.10.2 30
[AR2-GigabitEthernet0/0/2]quit
[AR2]router id 1.1.1.1
[AR2]ospf
[AR2-ospf-1]area 0
[AR2-ospf-1-area-0.0.0.0]network 192.168.3.0 0.0.0.255
[AR2-ospf-1-area-0.0.0.0]network 192.168.4.0 0.0.0.255
[AR2-ospf-1-area-0.0.0.0]network 192.168.10.0 0.0.0.3
[AR2-ospf-1-area-0.0.0.0]quit
[AR2-ospf-1]quit
[AR2]acl number 3021
[AR2-acl-adv-3021]rule denyip source 192.168.1. 0 0.0.0.255 source-port eq 80 destination 192.168.3.100 0 destination-port eq 80
[AR2-acl-adv-3021]rule permitip source 192.168.2. 0 0.0.0.255 source-port eq 80 destination 192.168.3.100 0 destination-port eq 80
[AR2-acl-adv-3021]rule permittcp source 192.168.2.0 0.0.0.255 source-port eq 21 destination 192.168.3.100 0 destination-port eq 21
[AR2-acl-adv-3021]rule permittcp source 192.168.2.0 0.0.0.255 source-port eq 20 destination 192.168.3.100 0 destination-port eq 20
[AR2-acl-adv-3021]quit
[AR2]interface GigabitEthernet 0/0/2
[AR2-GigabitEthernet0/0/2]traffic-filter inbound acl3021
[AR2-GigabitEthernet0/0/2]quit
[AR2]
```

（4）显示路由器 AR1、AR2 的配置信息。以路由器 AR2 为例，主要相关实例代码如下。

```
<AR2>display current-configuration
#
sysname AR2
#
router id 2.2.2.2
#
acl number 3021
```

```
  rule 5 permit tcp source 192.168.1.0 0.0.0.255 source-port eq ftp destination 1
92.168.4.100 0 destination-port eq ftp
  rule 10 permit tcp source 192.168.1.0 0.0.0.255 source-port eq ftp-data destina
tion 192.168.4.100 0 destination-port eq ftp-data
  rule 15 deny ip source 192.168.1.0 0.0.0.255 source-port eq www destination 19
2.168.3.100 0 destination-port eq www
  rule 20 permit ip source 192.168.2.0 0.0.0.255 source-port eq www destination
192.168.3.100 0 destination-port eq www
  rule 25 permit tcp source 192.168.2.0 0.0.0.255 source-port eq ftp destination
192.168.4.100 0 destination-port eq ftp
  rule 30 permit tcp source 192.168.2.0 0.0.0.255 source-port eq ftp-data destina
tion 192.168.4.100 0 destination-port eq ftp-data
#
interface GigabitEthernet0/0/0
  ip address 192.168.3.254 255.255.255.0
#
interface GigabitEthernet0/0/1
  ip address 192.168.4.254 255.255.255.0
#
interface GigabitEthernet0/0/2
  ip address 192.168.10.2 255.255.255.252
  traffic-filter inbound acl 3021
#
ospf 1
  area 0.0.0.0
   network 192.168.3.0 0.0.0.255
   network 192.168.4.0 0.0.0.255
   network 192.168.10.0 0.0.0.3
#
return
<AR2>
```

（5）查看路由器 AR1、AR2 的路由表信息。以路由器 AR2 为例，如图 5.33 所示。

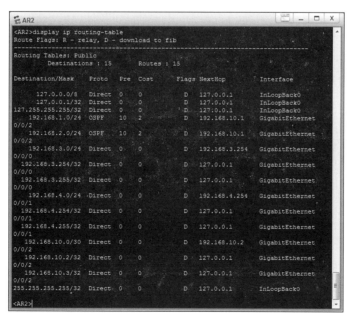

图 5.33　路由器 AR2 的路由表信息

（6）测试主机 PC1 和主机 PC2 的连通性，结果如图 5.30 和图 5.31 所示。

项目练习题

1. 选择题

（1）下列关于二层端口隔离描述正确的有（　　）（多选）。

A. 划分到相同 VLAN 中的相同隔离组之间的主机可以相互访问

B. 划分到相同 VLAN 中的相同隔离组之间的主机不可以相互访问

C. 划分到相同 VLAN 中的不相同隔离组之间的主机可以相互访问

D. 划分到相同 VLAN 中的不相同隔离组之间的主机不可以相互访问

（2）下列关于三层端口隔离描述错误的是（　　）。

A. 划分到相同 VLAN 中的内部员工之间的主机可以相互访问

B. 划分到相同 VLAN 中的外部员工不同隔离组之间的主机可以相互访问

C. 划分到相同 VLAN 中的外部员工相同隔离组之间的主机可以相互访问

D. 划分到不相同 VLAN 中的内部员工与外部员工隔离组之间的主机可以相互访问

（3）基本 ACL 的编号范围为（　　）。

A. 2000～2999　　　　　　　　　　　　B. 3000～3999

C. 4000～4999　　　　　　　　　　　　D. 5000～5999

（4）高级 ACL 的编号范围为（　　）。

A. 2000～2999　　　　　　　　　　　　B. 3000～3999

C. 4000～4999　　　　　　　　　　　　D. 5000～5999

2. 简答题

（1）简述端口隔离的功能及应用场景。

（2）简述端口隔离的配置步骤与配置命令。

（3）简述进行交换机端口安全配置的方法。

（4）简述配置基本 ACL 与高级 ACL 的方法。

项目6
广域网接入配置

教学目标
- 了解常见的广域网接入技术及广域网中的数据链路层协议；
- 掌握广域网技术的配置方法；
- 理解NAT技术基本概念及NAT技术实现方式；
- 掌握静态NAT、动态NAT和PAT的配置方法；
- 掌握DHCP服务器的配置方法。

素质目标
- 培养工匠精神，包括做事严谨、精益求精、着眼细节、爱岗敬业等；
- 增强团队互助、进取合作的意识；
- 培养交流沟通、独立思考及逻辑思维能力。

任务 6.1 广域网技术

任务陈述

小李是公司的网络工程师。公司规模扩大后，公司下设了多家分公司，并且总公司与分公司不在同一城市。为了顺利开展公司业务，总公司与分公司之间通过路由器相连以保持网络连通性，同时需要在链路上配置相应的认证方式。小李根据公司的要求制作了一份合理的网络实施方案，他该如何完成网络设备的相应配置呢？

知识准备

6.1.1 常见的广域网接入技术

1. 点对点链路

点对点链路提供的是一条预先建立的从客户端经过运营商网络到达远端目标网络的广域网通信路径。一条点对点链路就是一条租用的专线，可以在数据收、发双方之间建立起永久性的固定连接。网络运营商负责点对点链路的维护和管理。点对点链路可以提供两种数据传送方式：一种是数据报传送方式，该方式主要将数据分割成一个个小的数据帧进行传送，其中每一个数据帧都带有自己的地址信息，都需要进行地址校验；另一种是数据流传送方式，与数据报传送方式不同，该方式用数据流取代一个个数据帧作为数据传送单位，整个数据流具有一个地址信息，只需要进行一次地址验证。

2. 电路交换

电路交换是广域网中使用的一种交换技术。它可以通过运营商网络为每一次会话过程建立、维持和终止一条专用的物理电路。电路交换也可以提供数据报和数据流两种数据传送方式。电路交换在电信运营商的网络中被广泛使用，其操作过程与普通的电话拨叫过程非常相似。综合业务数字网（Integrated Service Digital Network，ISDN）就是一种采用电路交换技术的广域网技术。

3. 包交换

包交换也是广域网中经常使用的一种交换技术。通过包交换，网络设备可以共享一条点对点链路，设备间通过运营商网络进行数据包的传递。包交换主要采用统计复用技术在多台设备之间实现电路共享。帧中继、交换式多兆位数据服务（Switched Multimegabit Data Service，SMDS）及分组交换数据网（X.25）等都是采用包交换技术的广域网技术。

4. 虚拟电路

虚拟电路是一种逻辑电路，可以在两台网络设备之间实现可靠通信。虚拟电路有两种形式，分别是交换虚电路（Switched Virtual Circuit，SVC）和永久虚电路（Permanent Virtual Circuit，PVC）。

SVC 是一种按照需求动态建立的虚拟电路。当数据传送结束时，该电路将会被自动终止。SVC 上的通信过程包括 3 个阶段：电路创建、数据传输和电路终止。电路创建阶段主要是在通信设备之间建立起虚拟电路，数据传输阶段通过虚拟电路在通信设备之间传送数据，电路终止阶段则是撤销在通信设备之间已经建立起来的虚拟电路。SVC 主要适用于非经常性的数据传送网络，这是因为在电路创建和电路终止阶段，SVC 需要占用较多的网络带宽。相对于 PVC 来说，SVC 的成本较低。

PVC 是一种永久性建立的虚拟电路，只具有数据传输一种模式。PVC 可以应用于数据传送频繁的网络环境，这是因为 PVC 不需要因创建或终止电路而使用额外的带宽，所以它的带宽利用率更高，但 PVC 的成本较高。

报文在数据链路层进行数据传输时，网络设备必须使用第二层的帧格式进行数据封装，广域网第二层接入技术主要有 HDLC、PPP、平衡型链路接入规程（Link Access Procedure Balance，LAPB）、帧中继、SDLC、SMDS 等。不同协议使用的帧格式也不相同，常用的广域网封装类型如图 6.1 所示。

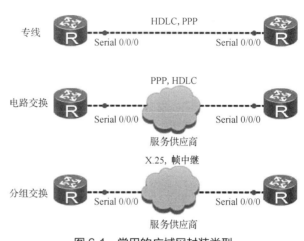

图 6.1 常用的广域网封装类型

6.1.2 广域网中的数据链路层协议

串行链路普遍用于广域网中。串行链路中定义了两种数据传输方式：异步传输和同步传输。

异步传输是以字节为单位来传输数据的，并且需要采用额外的起始位和停止位来标记每个字节的开始和结束。起始位为二进制数 0，停止位为二进制数 1。在这种传输方式下，起始位和停止位在发送数据中占据相当大的比例，每个字节的发送都需要额外的开销。

同步传输是以帧为单位来传输数据的，在通信时需要使用时钟来同步本端和对端设备的通信。数据通信设备（Data Communication Equipment，DCE）提供用于同步数据传输的时钟信号，数据终端设备（Data Terminal Equipment，DTE）通常使用 DCE 产生的时钟信号。

1. 点对点协议

点对点协议（Point to Point Protocol，PPP）为在点对点连接上传输多协议数据包提供了一种标准方法。PPP 最初是为两个对等节点之间的 IP 流量传输提供一种封装协议而设计的，PPP 是面向字符类型的协议。PPP 是为在同等单元之间传输数据包这样的简单链路设计的链路层协议，这种链路提供全双工操作，并按照顺序传递数据包，通过拨号或专线方式建立点对点连接发送数据，使其成为实现各种主机、网桥和路由器之间简单连接的一种共通的解决方案。

2. 高级数据链路控制协议

高级数据链路控制（High level Data Link Control，HDLC）协议是一组用于在网络节点间传送数据的协议，它是由国际标准化组织（International Organization for Standardization，ISO）颁布的一种具有高可靠性、高效率的数据链路控制规程，其特点是各项数据和控制信息都以位为单位，采用帧的格式传输。

在 HDLC 协议中，数据被组成一个个单元（称为帧），再通过网络发送，并由接收方确认收到。HDLC 协议也管理数据流和数据发送的间隔时间。HDLC 协议是数据链路层中使用最广泛的协议之一，数据链路层是 OSI 参考模型中的第二层；第一层是物理层，负责产生与收发电子信号；第三层是网络层，其功能包括通过访问路由表来确定路由。在传送数据时，网络层的数据帧中包含源节点与目的节点的网络地址，在第二层通过 HDLC 协议对网络层的数据帧进行封装，增加了数据链路控制信息。

按照 ISO 的标准，HDLC 协议是基于 IBM 的同步数据链路控制（Synchronous Data Link Control，SDLC）协议的，SDLC 协议被广泛用于 IBM 的大型机环境中。在 HDLC 协议中，属于 SDLC 协议的被称为普通响应模式（Normal Response Mode，NRM）。在 NRM 中，基站（通常是大型机）通过专线在多路或多点网络中发送数据给本地或远程的二级站。这种网络并不是人们平时所说的那种，它是一种非公众的封闭网络，网络间采取半双工模式通信。

6.1.3 PPP 认证模式

建立 PPP 链路之前，必须先在串行端口上配置链路层协议。华为 ARG3 系列路由器默认在串行端口上使用 PPP。如果端口上运行的不是 PPP，则需要使用 link-protocol ppp 命令来使用数据链路层的 PPP。

PPP 有两种认证模式，一种是密码认证协议（Password Authentication Protocol，PAP）模式，另一种是挑战握手认证协议（Challenge Handshake Authentication Protocol，CHAP）模式。

（1）PAP 的工作原理较为简单。PAP 为挑战两次握手认证协议，密码以明文方式在链路上发送。链路控制协议（Link Control Protocol，LCP）协商完成后，认证方要求被认证方使用 PAP 进行认证。被认证方将配置的用户名和密码信息通过 Authenticate-Request 报文以明文方式发送给认证方。

认证方收到被认证方发送的用户名和密码信息之后，根据本地配置的用户名和密码数据库检查用户名和密码信息是否匹配。如果匹配，则返回 Authenticate-Ack 报文，表示认证成功；否则，返回 Authenticate-Nak 报文，表示认证失败。

（2）CHAP 认证过程中需要进行 3 次报文的交互。为了匹配请求报文和回应报文，报文中含有 Identifier 字段，一次认证过程所使用的报文均为相同的 Identifier 信息。

使用 CHAP 模式时，被认证方的密码是被加密后才进行传输的，这样可极大地提高网络安全性。

任务实施

6.1.4 配置 HDLC

用户只需要在串行端口视图下使用 link-protocol hdlc 命令就可以使用端口的 HDLC 协议。华为设备的串行端口上默认运行 PPP。用户必须在串行链路两端的端口上配置相同的链路协议，才能使双方通信。

（1）进行 HDLC 配置，进行网络拓扑连接，相关端口与 IP 地址配置如图 6.2 所示。

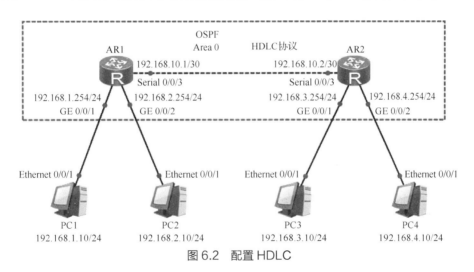

图 6.2　配置 HDLC

（2）配置主机 PC1 和主机 PC3 的 IP 地址等信息，如图 6.3 所示。

图 6.3　配置主机 PC1 和主机 PC3 的 IP 地址等信息

（3）配置路由器 AR1，相关实例代码如下。

```
<Huawei>system-view
[Huawei]sysname AR1
[AR1]interface GigabitEthernet 0/0/1
[AR1-GigabitEthernet0/0/1]ip address 192.168.1.254 24
[AR1-GigabitEthernet0/0/1]quit
[AR1]interface GigabitEthernet 0/0/2
[AR1-GigabitEthernet0/0/2]ip address 192.168.2.254 24
[AR1-GigabitEthernet0/0/2]quit
[AR1]interface Serial 0/0/3
[AR1-Serial0/0/3]ip address 192.168.10.1 30
[AR1-Serial0/0/3]link-protocol hdlc                 // 封装 HDLC 协议
[AR1-Serial0/0/3]quit
[AR1]router id 1.1.1.1
[AR1]ospf1
[AR1-ospf-1]area 0
[AR1-ospf-1-area-0.0.0.0]network 192.168.1.0 0.0.0.255
[AR1-ospf-1-area-0.0.0.0]network 192.168.2.0 0.0.0.255
[AR1-ospf-1-area-0.0.0.0]network 192.168.10.0 0.0.0.3
[AR1-ospf-1-area-0.0.0.0]quit
[AR1-ospf-1]quit
[AR1]
```

（4）配置路由器 AR2，相关实例代码如下。

```
<Huawei>system-view
[Huawei]sysname AR2
[AR2]interface GigabitEthernet 0/0/1
[AR2-GigabitEthernet0/0/1]ip address 192.168.3.254 24
[AR2-GigabitEthernet0/0/1]quit
[AR2]interface GigabitEthernet 0/0/2
[AR2-GigabitEthernet0/0/2]ip address 192.168.4.254 24
[AR2-GigabitEthernet0/0/2]quit
[AR2]interface Serial 0/0/3
[AR2-Serial0/0/3]ip address 192.168.10.2 30
[AR2-Serial0/0/3]link-protocol hdlc                 // 封装 HDLC 协议
[AR2-Serial0/0/3]quit
[AR2]router id 2.2.2.2
[AR2]ospf1
[AR2-ospf-1]area 0
[AR2-ospf-1-area-0.0.0.0]network 192.168.3.0 0.0.0.255
[AR2-ospf-1-area-0.0.0.0]network 192.168.4.0 0.0.0.255
[AR2-ospf-1-area-0.0.0.0]network 192.168.10.0 0.0.0.3
[AR2-ospf-1-area-0.0.0.0]quit
[AR2-ospf-1]quit
[AR2]
```

（5）显示路由器 AR1、AR2 的配置信息。以路由器 AR1 为例，主要相关实例代码如下。

```
<AR1>display current-configuration
#
sysname AR1
#
router id 1.1.1.1
#
interface Serial0/0/2
link-protocol ppp
```

```
#
interface Serial0/0/3
link-protocol hdlc
   ip address 192.168.10.1 255.255.255.252
#
interface GigabitEthernet0/0/0
#
interface GigabitEthernet0/0/1
   ip address 192.168.1.254 255.255.255.0
#
interface GigabitEthernet0/0/2
   ip address 192.168.2.254 255.255.255.0
#
interface GigabitEthernet0/0/3
#
ospf 1
   area 0.0.0.0
     network 192.168.1.0 0.0.0.255
     network 192.168.2.0 0.0.0.255
     network 192.168.10.0 0.0.0.3
#
return
<AR1>
```

（6）显示路由器 AR1 的端口 IP 信息，这里使用了 display ip interface brief 命令，结果如图 6.4 所示。

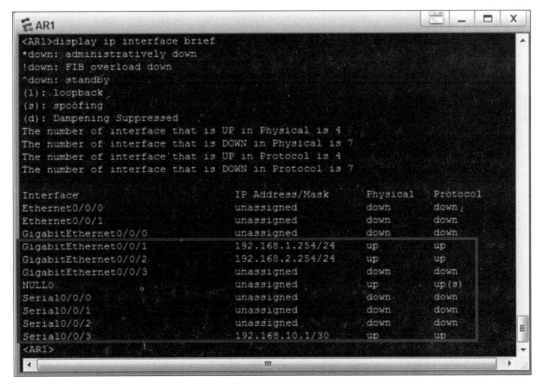

图 6.4　显示路由器 AR1 的端口 IP 信息

（7）测试主机 PC1 的连通性，主机 PC1 访问主机 PC3 和主机 PC4 的结果如图 6.5 所示。

图 6.5 主机 PC1 访问主机 PC3 和主机 PC4 的结果

6.1.5 配置 PAP 模式

（1）进行 PAP 模式配置，进行网络拓扑连接，相关端口与 IP 地址配置如图 6.6 所示。

微课

配置 PAP 模式

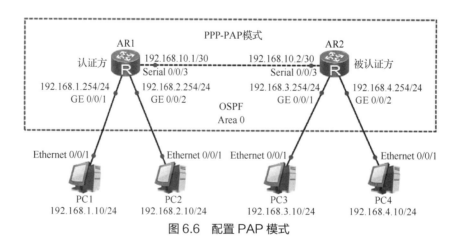

图 6.6 配置 PAP 模式

（2）配置路由器 AR1，相关实例代码如下。

```
<Huawei>system-view
[Huawei]sysname AR1
[AR1]interface GigabitEthernet 0/0/1
```

```
[AR1-GigabitEthernet0/0/1]ip address 192.168.1.254 24
[AR1-GigabitEthernet0/0/1]quit
[AR1]interface GigabitEthernet 0/0/2
[AR1-GigabitEthernet0/0/2]ip address 192.168.2.254 24
[AR1-GigabitEthernet0/0/2]quit
[AR1]interface Serial 0/0/3
[AR1-Serial0/0/3]ip address 192.168.10.1 30
[AR1-Serial0/0/3]link-protocol ppp                   // 封装 PPP
[AR1-Serial0/0/3]ppp authentication-mode pap         // 开启 PAP 模式
[AR1-Serial0/0/3]quit
[AR1]aaa                                             // 配置 AAA 认证方式
[AR1-aaa]local-user user01 password cipher admin123
                                                     // 配置本地用户为 user01，密码为 admin123
[AR1-aaa]local-user user01 service-type ppp          // 服务类型为 PPP
[AR1-aaa]quit
[AR1]router id 1.1.1.1
[AR1]ospf 1
[AR1-ospf-1]area 0
[AR1-ospf-1-area-0.0.0.0]network 192.168.1.0 0.0.0.255
[AR1-ospf-1-area-0.0.0.0]network 192.168.2.0 0.0.0.255
[AR1-ospf-1-area-0.0.0.0]network 192.168.10.0 0.0.0.3
[AR1-ospf-1-area-0.0.0.0]quit
[AR1-ospf-1]quit
[AR1]
```

（3）显示路由器 AR1 的配置信息，主要相关实例代码如下。

```
<AR1>display current-configuration
#
sysname AR1
#
router id 1.1.1.1
#
aaa
local-user admin password cipher OOCM4m($F4ajUn1vMEIBNUw#
  local-user user01 password cipher BW'Q+rXOKR:z9:%F`[a=wTY#
  local-user user01 service-type ppp
#
interface Serial0/0/2
link-protocol ppp
#
interface Serial0/0/3
link-protocol ppp
ppp authentication-mode pap
  ip address 192.168.10.1 255.255.255.252
#
interface GigabitEthernet0/0/1
  ip address 192.168.1.254 255.255.255.0
#
interface GigabitEthernet0/0/2
  ip address 192.168.2.254 255.255.255.0
#
ospf 1
  area 0.0.0.0
   network 192.168.1.0 0.0.0.255
   network 192.168.2.0 0.0.0.255
   network 192.168.10.0 0.0.0.3
#
return
<AR1>
```

（4）配置路由器 AR2，相关实例代码如下。

```
<Huawei>system-view
[Huawei]sysname AR2
[AR2]interface GigabitEthernet 0/0/1
[AR2-GigabitEthernet0/0/1]ip address 192.168.3.254 24
[AR2-GigabitEthernet0/0/1]quit
[AR2]interface GigabitEthernet 0/0/2
[AR2-GigabitEthernet0/0/2]ip address 192.168.4.254 24
[AR2-GigabitEthernet0/0/2]quit
[AR2]interface Serial 0/0/3
[AR2-Serial0/0/3]ip address 192.168.10.2 30
[AR2-Serial0/0/3]link-protocol ppp                  // 封装 PPP
[AR2-Serial0/0/3]ppp pap local-user user01 password cipher admin123
[AR2-Serial0/0/3]quit
[AR2]router id 2.2.2.2
[AR2]ospf 1
[AR2-ospf-1]area 0
[AR2-ospf-1-area-0.0.0.0]network 192.168.3.0 0.0.0.255
[AR2-ospf-1-area-0.0.0.0]network 192.168.4.0 0.0.0.255
[AR2-ospf-1-area-0.0.0.0]network 192.168.10.0 0.0.0.3
[AR2-ospf-1-area-0.0.0.0]quit
[AR2-ospf-1]quit
[AR2]
```

（5）显示路由器 AR2 的配置信息，主要相关实例代码如下。

```
<AR2>display current-configuration
#
sysname AR2
#
router id 2.2.2.2
#
interface Serial0/0/2
link-protocol ppp
#
interface Serial0/0/3
link-protocol ppp
ppp pap local-user user01 password cipher ^VL!HLV]BSCQ=^Q`MAF4<1!!
   ip address 192.168.10.2 255.255.255.252
#
interface GigabitEthernet0/0/1
   ip address 192.168.3.254 255.255.255.0
#
interface GigabitEthernet0/0/2
   ip address 192.168.4.254 255.255.255.0
#
ospf 1
   area 0.0.0.0
     network 192.168.3.0 0.0.0.255
     network 192.168.4.0 0.0.0.255
     network 192.168.10.0 0.0.0.3
#
return
<AR2>
```

（6）测试主机 PC1 的连通性，主机 PC1 访问主机 PC3 的结果如图 6.7 所示。

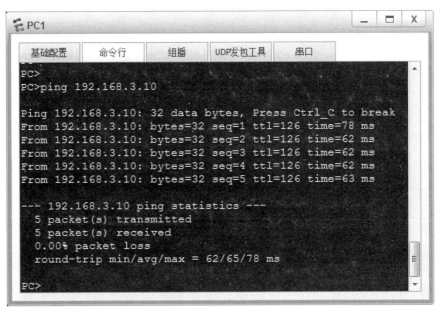

图 6.7 主机 PC1 访问主机 PC3 的结果

6.1.6 配置 CHAP 模式

（1）进行 CHAP 模式配置，进行网络拓扑连接，相关端口与 IP 地址配置如图 6.8 所示。

微课

配置 CHAP 模式

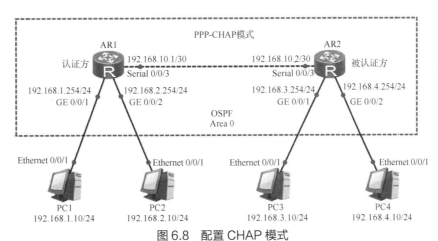

图 6.8 配置 CHAP 模式

（2）配置路由器 AR1，相关实例代码如下。

```
<Huawei>system-view
[Huawei]sysname AR1
[AR1]interface GigabitEthernet 0/0/1
[AR1-GigabitEthernet0/0/1]ip address 192.168.1.254 24
[AR1-GigabitEthernet0/0/1]quit
[AR1]interface GigabitEthernet 0/0/2
[AR1-GigabitEthernet0/0/2]ip address 192.168.2.254 24
[AR1-GigabitEthernet0/0/2]quit
[AR1]interface Serial 0/0/3
```

```
[AR1-Serial0/0/3]ip address 192.168.10.1 30
[AR1-Serial0/0/3]link-protocol ppp                    // 封装 PPP
[AR1-Serial0/0/3]ppp authentication-mode chap         // 开启 CHAP 模式
[AR1-Serial0/0/3]quit
[AR1]aaa                                              // 配置 AAA 认证方式
[AR1-aaa]local-user user01 password cipher admin123
                                                      // 配置本地用户为 user01，密码为 admin123
[AR1-aaa]local-user user01 service-type ppp           // 服务类型为 PPP
[AR1-aaa]quit
[AR1]router id 1.1.1.1
[AR1]ospf
[AR1-ospf-1]area 0
[AR1-ospf-1-area-0.0.0.0]network 192.168.1.0 0.0.0.255
[AR1-ospf-1-area-0.0.0.0]network 192.168.2.0 0.0.0.255
[AR1-ospf-1-area-0.0.0.0]network 192.168.10.0 0.0.0.3
[AR1-ospf-1-area-0.0.0.0]quit
[AR1-ospf-1]quit
[AR1]
```

（3）显示路由器 AR1 的配置信息，主要相关实例代码如下。

```
<AR1>display current-configuration
#
sysname AR1
#
router id 1.1.1.1
#
aaa
   local-user admin password cipher OOCM4m($F4ajUn1vMEIBNUw#
   local-user user01 password cipher j}~/F[)kpU]@l3D+mKgU*#k#
   local-user user01 service-type ppp
#
interface Serial0/0/2
link-protocol ppp
#
interface Serial0/0/3
link-protocol ppp
ppp authentication-mode chap
   ip address 192.168.10.1 255.255.255.252
#
interface GigabitEthernet0/0/0
#
interface GigabitEthernet0/0/1
   ip address 192.168.1.254 255.255.255.0
#
interface GigabitEthernet0/0/2
   ip address 192.168.2.254 255.255.255.0
#
interface GigabitEthernet0/0/3
#
ospf 1
   area 0.0.0.0
    network 192.168.1.0 0.0.0.255
    network 192.168.2.0 0.0.0.255
    network 192.168.10.0 0.0.0.3
#
return
<AR1>
```

（4）配置路由器 AR2，相关实例代码如下。

```
<Huawei>system-view
[Huawei]sysname AR2
[AR2]interface GigabitEthernet 0/0/1
[AR2-GigabitEthernet0/0/1]ip address 192.168.3.254 24
[AR2-GigabitEthernet0/0/1]quit
[AR2]interface GigabitEthernet 0/0/2
[AR2-GigabitEthernet0/0/2]ip address 192.168.4.254 24
[AR2-GigabitEthernet0/0/2]quit
[AR2]interface Serial 0/0/3
[AR2-Serial0/0/3]ip address 192.168.10.2 30
[AR2-Serial0/0/3]link-protocol ppp                       // 封装 PPP
[AR2-Serial0/0/3]ppp chap user user01                    // 配置被认证方 CHAP 用户名为 user01
[AR2-Serial0/0/3]ppp chap password cipher admin123       // 配置被认证方 CHAP 密码为 admin123
[AR2-Serial0/0/3]quit
[AR2]router id 2.2.2.2
[AR2]ospf
[AR2-ospf-1]area 0
[AR2-ospf-1-area-0.0.0.0]network 192.168.3.0 0.0.0.255
[AR2-ospf-1-area-0.0.0.0]network 192.168.4.0 0.0.0.255
[AR2-ospf-1-area-0.0.0.0]network 192.168.10.0 0.0.0.3
[AR2-ospf-1-area-0.0.0.0]quit
[AR2-ospf-1]quit
[AR2]
```

（5）显示路由器 AR2 的配置信息，主要相关实例代码如下。

```
<AR2>display current-configuration
#
sysname AR2
#
router id 2.2.2.2
#
interface Serial0/0/2
link-protocol ppp
#
interface Serial0/0/3
link-protocol ppp
ppp chap user user01
ppp chap password cipher ^VL!HLV]BSCQ=^Q`MAF4<1!!
   ip address 192.168.10.2 255.255.255.252
#
interface GigabitEthernet0/0/1
   ip address 192.168.3.254 255.255.255.0
#
interface GigabitEthernet0/0/2
   ip address 192.168.4.254 255.255.255.0
#
interface GigabitEthernet0/0/3
#
ospf 1
   area 0.0.0.0
    network 192.168.3.0 0.0.0.255
    network 192.168.4.0 0.0.0.255
    network 192.168.10.0 0.0.0.3
#
return
<AR2>
```

（6）测试主机 PC2 的连通性，主机 PC2 访问主机 PC4 的结果如图 6.9 所示。

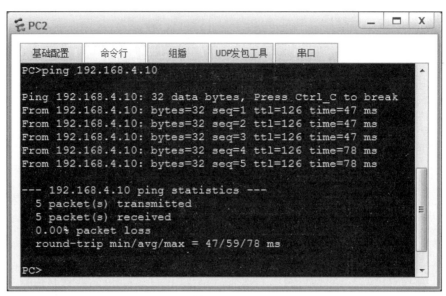

图 6.9　主机 PC2 访问主机 PC4 的结果

任务 6.2　NAT 技术

任务陈述

Internet 中的任何两台主机通信都需要全球唯一的 IP 地址，随着越来越多的用户加入 Internet 中，IP 地址资源越来越紧张。小李是公司的网络工程师。公司业务不断发展，越来越离不开网络。公司申请了一段公网的 C 类 IP 地址，但申请的 IP 地址较少，无法满足公司员工的需求。小李考虑到公司的实际困难，决定使用 NAT 技术来解决公司员工上网的问题。小李根据公司的要求制作了一份合理的网络实施方案，他该如何完成网络设备的相应配置呢？

知识准备

6.2.1　NAT 概述

随着网络技术的发展、接入 Internet 的计算机数量不断增加，Internet 中空闲的 IP 地址越来越少，IP 地址资源越来越紧张。在其他互联网服务提供商（Internet Service Provider，ISP）那里，即使是拥有几百台计算机的大型局域网用户，当他们申请 IP 地址时，所分配到的 IP 地址一般也只有几个或十几个。显然，这么少的 IP 地址根本无法满足网络用户的需求，于是产生了网络地址转换（Network Address Translation，NAT）技术。目前，NAT 技

术在一定程度上解决了此问题，使得私有网络设备可以访问外网。虽然 NAT 技术可以借助某些代理服务器来实现，但考虑到运算成本和网络性能，很多时候 NAT 技术是在路由器上实现的。

1. NAT 简介

NAT 技术是 1994 年被提出的。简单来说，它就是把内部私有 IP 地址翻译成合法有效的网络公有 IP 地址的技术，如图 6.10 所示。若专用网内部的一些主机本来已经分配到了本地 IP 地址（仅在本专用网内使用的 IP 地址），但现在又想和 Internet 上的主机通信（并不需要加密），则可使用 NAT 技术来实现，要使用这种技术，需要在专用网连接到 Internet 的路由器上安装 NAT 软件。装有 NAT 软件的路由器叫作 NAT 路由器，它至少有一个有效的外部全球 IP 地址。这样，所有使用本地 IP 地址的主机在和外界通信时，都要在 NAT 路由器上将其本地 IP 地址转换成全球 IP 地址后才能和 Internet 连接。

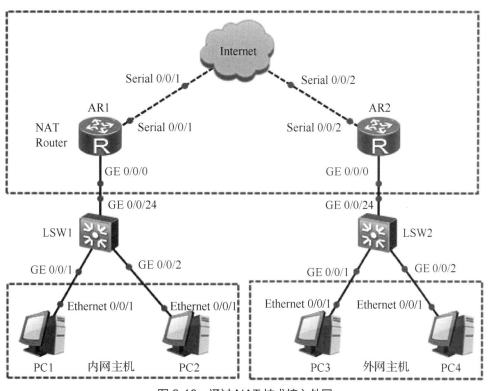

图 6.10　通过 NAT 技术接入外网

NAT 技术不仅能够解决 IP 地址不足的问题，还能够有效地避免来自外部网络的攻击，隐藏并保护内部网络的计算机。NAT 技术的作用及其优缺点介绍如下。

（1）作用：通过将内部网络的私有 IP 地址翻译成全球唯一的公有 IP 地址，使内部网络可以连接到互联网等外部网络上。

（2）优点：节省公共合法 IP 地址，处理了 IP 地址重叠问题，可增强灵活性与安全性。

（3）缺点：增加了延迟；增加了配置和维护的难度；不支持某些应用，但可以通过静态

NAT 映射来避免。

要真正了解 NAT 就必须先了解现在 IP 地址的使用情况。私有 IP 地址是指内部网络或主机的 IP 地址，公有 IP 地址是指在 Internet 上全球唯一的 IP 地址。RFC 1918 私有网络地址分配中为私有网络预留出了 3 个 IP 地址块，如下所示。

A 类：10.0.0.0 ～ 10.255.255.255。

B 类：172.16.0.0 ～ 172.31.255.255。

C 类：192.168.0.0 ～ 192.168.255.255。

上述 3 个 IP 地址块不会在 Internet 上被分配，因此可以不必向 ISP 或注册中心申请，可在组织或企业内部自由使用。

2．NAT 相关术语

内部本地地址（Inside Local Address）：一个内部网络中的设备在内部的 IP 地址，即分配给内部网络中主机的 IP 地址。这种地址通常来自 RFC 1918 指定的私有地址空间，即内部主机的实际地址。

内部全局地址（Inside Global Address）：一个内部网络中的设备在外部的 IP 地址，即内部全局 IP 地址对外代表一个或多个内部 IP 地址。这种地址来自全局唯一的地址空间，通常是 ISP 提供的，即内部主机经网络地址转换后去往外部的地址。

外部本地地址（Outside Local Address）：一个外部网络中的设备在内部的 IP 地址，即在内部网络中看到的外部主机 IP 地址。它通常来自 RFC 1918 定义的私有地址空间，即外部主机由 NAT 设备转换后的地址。

外部全局地址（Outside Global Address）：一个外部网络中的设备在外部的 IP 地址，即外部网络中的主机 IP 地址。它通常来自全局可路由的地址空间，即外部主机的真实地址。

内部网络与外部网络如图 6.11 所示。

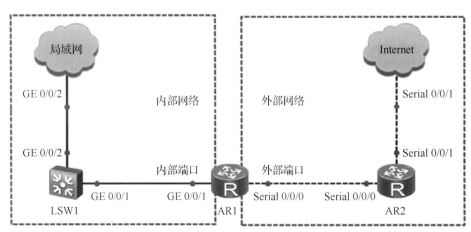

图 6.11　内部网络与外部网络

6.2.2 静态 NAT

1. 静态 NAT 的定义

静态 NAT（Static NAT）用于指将内部网络的私有 IP 地址转换为公有 IP 地址。IP 地址对是一对一的永久对应关系，某个私有 IP 地址只能转换为某个公有 IP 地址。借助静态 NAT 的定义，可以实现外部网络对内部网络中某些特定设备（如服务器）的访问。

2. 静态 NAT 的工作过程

静态 NAT 的转换条目需要预先手动配置，建立内部本地地址和内部全局地址的一对一永久对应关系，即将一个内部本地地址和一个内部全局地址进行绑定。借助静态 NAT，可以隐藏内部服务器的地址信息，提高网络安全性。

当内部主机 PC1 访问外部主机 PC3 的资源时，内部主机静态 NAT 的访问过程如图 6.12 所示。

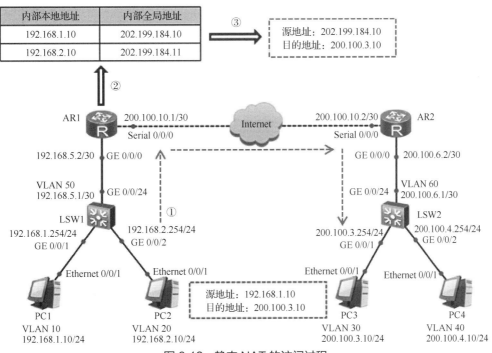

图 6.12 静态 NAT 的访问过程

（1）主机 PC1 以私有 IP 地址 192.168.1.10 为源地址向主机 PC3 发送报文，路由器 AR1 在接收到主机 PC1 发送来的报文时，检查 NAT 表。若该 IP 地址配置有静态 NAT 映射，则进入下一步；若没有配置静态 NAT 映射，则转换不成功。

（2）当路由器 AR1 配置有静态 NAT 映射时，把源地址（192.168.1.10）替换成对应的转换地址（202.199.184.10），转换完成后，数据包的源地址转换为 202.199.184.10，然后路由器 AR1 转发该数据包。

（3）当主机 PC3（200.100.3.10）接收到数据包后，将向源地址 202.199.184.10 发送响应报文，如图 6.13 所示。

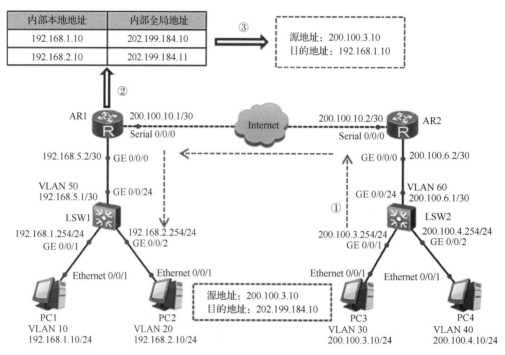

图 6.13 静态 NAT 的响应过程

（4）当路由器 AR1 接收到内部全局地址的数据包时，将以内部全局地址 202.199.184.10 为关键字查找 NAT 表，再将数据包的目的地址转换为 192.168.1.10，并转发给主机 PC1。

（5）主机 PC1 接收到响应报文，继续保持会话，直至会话结束。

6.2.3 动态 NAT

1. 动态 NAT 的定义

动态 NAT（Dynamic NAT）是指将内部网络的私有 IP 地址转换为公有 IP 地址时，IP 地址是不确定的、随机的，所有被授权访问 Internet 的私有 IP 地址都可随机转换为任何指定的合法 IP 地址。也就是说，只要指定哪些内部地址可以进行转换，以及用哪些合法地址作为外部地址，就可以进行动态 NAT。动态 NAT 可以使用多个合法外部地址，当 ISP 提供的合法 IP 地址略少于网络内部的计算机数量时，可以采用动态 NAT 的方式。

静态 NAT 是在路由器上手动配置内部本地地址与内部全局地址进行一对一的转换映射，配置完成后，相应全局地址不允许其他主机使用，会在一定程度上造成 IP 地址资源的浪费。动态 NAT 也是对内部本地地址与内部全局地址进行一对一的转换映射，但是动态 NAT 是从内部全局地址池中动态选择一个未被使用的地址对内部本地地址进行转换映射的，动态 NAT 的转换条目是动态创建的，无须预先手动创建。

2. 动态 NAT 的工作过程

动态 NAT 在路由器中建立一个地址池来放置可用的内部全局地址，当有内部本地地址需要转换时，其会查询地址池，取出内部全局地址建立地址映射关系，实现动态地址转换。当使用完成后，释放映射关系，并将相应内部全局地址返回地址池中，以供其他用户使用。

当内部主机 PC1 访问外部主机 PC3 的资源时，内部主机动态 NAT 的工作过程如图 6.14 所示。

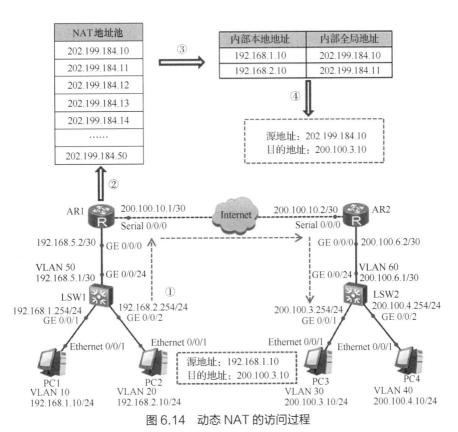

图 6.14 动态 NAT 的访问过程

（1）主机 PC1 以私有 IP 地址 192.168.1.10 为源地址向主机 PC3 发送报文，路由器 AR1 在接收到主机 PC1 发送来的报文时，检查 NAT 地址池，发现需要对该报文的源地址进行转换，并从路由器 AR1 的地址池中选择一个未被使用的全局地址 202.199.184.10 用于转换。

（2）路由器 AR1 将内部本地地址 192.168.1.10 替换成对应的转换地址 202.199.184.10，转换后，数据包的源地址转换为 202.199.184.10，转发该数据包，并创建一个动态 NAT 表项。

（3）当主机 PC3 收到报文后，使用 200.100.3.10 作为源地址、内部全局地址 202.199.184.10 作为目的地址来进行应答，如图 6.15 所示。

（4）当路由器 AR1 接收到内部全局地址的数据包时，将以内部全局地址 202.199.184.10 为关键字查找 NAT 表，再将数据包的目的地址转换为 192.168.1.10，并转发给主机 PC1。

（5）主机 PC1 接收到响应报文，继续保持会话，直至会话结束。

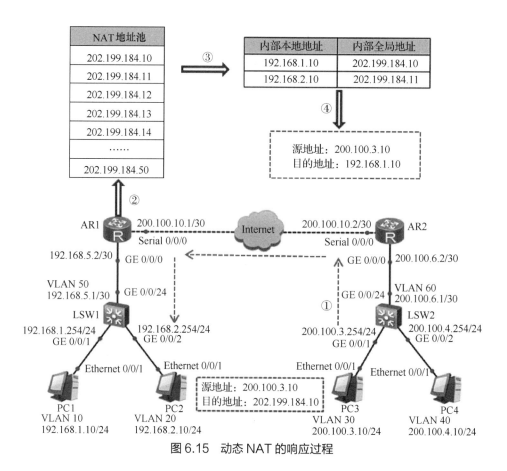

图 6.15 动态 NAT 的响应过程

6.2.4 PAT

1. PAT 概述

端口多路复用是指改变外出数据包的源端口并进行端口转换。端口地址转换（Port Address Translation，PAT）采用端口多路复用方式，内部网络的所有主机均可共享一个合法外部 IP 地址实现对 Internet 的访问，从而可以最大程度地节省 IP 地址资源；同时，可以隐藏网络内部的所有主机，有效避免来自 Internet 的攻击。因此，PAT 是目前网络中应用最多的技术之一。

静态 NAT 与动态 NAT 技术实现了内网访问外网的目的。动态 NAT 虽然实现了内部全局地址的灵活使用，但是并没有从根本上解决 IP 地址不足的问题。那么如何实现多台主机使用一个公有 IP 地址访问外网呢？可以使用 PAT 技术解决这个问题。

PAT 是动态 NAT 的一种实现形式。PAT 利用不同的端口号将多个内部私有 IP 地址转换为一个外部 IP 地址，可实现多台主机使用一个公司 IP 地址访问外网的目的。

2. PAT 的工作过程

PAT 和动态 NAT 的区别在于 PAT 只需要一个内部全局地址就可以映射多个内部本地地

址，通过端口号来区分不同的主机。与动态 NAT 一样，PAT 的地址池中也存放了很多内部全局地址，转换时从地址池中获取一个内部全局地址，在转换表中建立内部本地地址及端口号与内部全局地址及端口号的映射关系即可。

当内部主机 PC1 访问外部主机 PC3 的资源时，内部主机使用 PAT 的访问过程如图 6.16 所示。

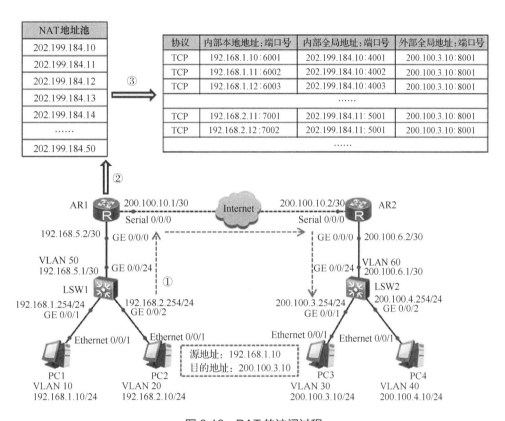

图 6.16　PAT 的访问过程

（1）主机 PC1 以私有 IP 地址 192.168.1.10 为源地址且端口号为 6001，向主机 PC3 发送报文，路由器 AR1 在接收到主机 PC1 发送来的报文时，检查 PAT 地址池，发现需要对该报文的源地址进行转换，并从路由器 AR1 的地址池中选择一个未被使用的全局地址 202.199.184.10、端口号 4001 用于转换。

（2）路由器 AR1 将内部本地地址 192.168.1.10:6001 替换成对应的转换地址 202.199.184.10:4001，转换后，数据包的源地址转换为 202.199.184.10:4001，转发该数据包，并创建一个动态 NAT 表项。

（3）当主机 PC3 收到报文后，使用 200.100.3.10 作为源地址且端口号为 8001，并以内部全局地址 202.199.184.10:4001 为目的地址进行应答，如图 6.17 所示。

（4）当路由器 AR1 接收到内部全局地址的数据包时，将以内部全局地址 202.199.184.10:4001 为关键字查找 NAT 表，再将数据包的目的地址转换为 192.168.1.10:6001，并转发给主机 PC1。

（5）主机 PC1 接收到响应报文，继续保持会话，直至会话结束。

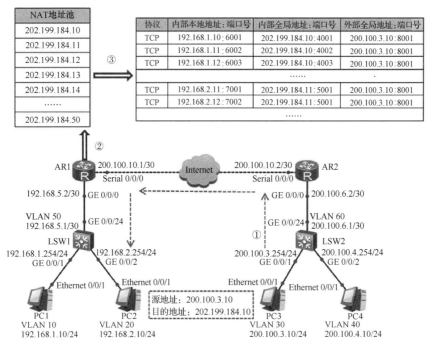

图 6.17　PAT 的响应过程

6.2.5　配置静态 NAT

（1）配置静态 NAT，进行网络拓扑连接，相关端口与 IP 地址配置如图 6.18 所示。

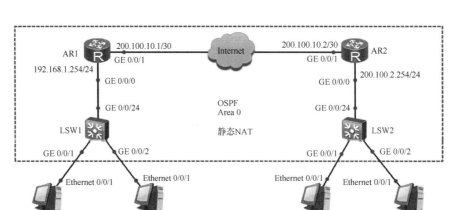

图 6.18　配置静态 NAT

（2）配置主机 PC1 和主机 PC3 的 IP 地址等信息，如图 6.19 所示。

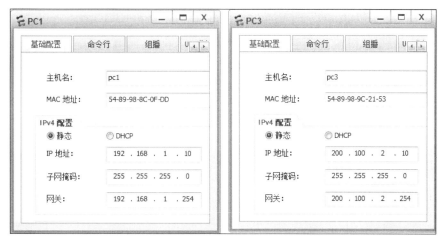

图 6.19　配置主机 PC1 和主机 PC3 的 IP 地址等信息

（3）配置路由器 AR1，相关实例代码如下。

```
<Huawei>system-view
[Huawei]sysname AR1                                        //配置路由器名称
[AR1]interface GigabitEthernet 0/0/0
[AR1-GigabitEthernet0/0/0]ip address 192.168.1.254 24      //配置端口 IP 地址
[AR1-GigabitEthernet0/0/0]quit
[AR1]interface GigabitEthernet 0/0/1
[AR1-GigabitEthernet 0/0/1]ip address 200.100.10.1 30      //配置端口 IP 地址
[AR1-GigabitEthernet 0/0/1]nat static global 202.199.184.10 inside 192.168.1.10
[AR1-GigabitEthernet 0/0/1]nat static global 202.199.184.11 inside 192.168.1.11
                                   //配置内部全局 IP 地址与内部本地 IP 地址的映射关系
[AR1-GigabitEthernet 0/0/1]quit
[AR1]router id 1.1.1.1
[AR1]ospf 1
[AR1-ospf-1]area 0
[AR1-ospf-1-area-0.0.0.0]network 200.100.10.0 0.0.0.3      //通告路由
[AR1-ospf-1-area-0.0.0.0]quit
[AR1-ospf-1]quit
[AR1]
```

（4）配置路由器 AR2，相关实例代码如下。

```
<Huawei>system-view
[Huawei]sysname AR2                                        //配置路由器名称
[AR2]interface GigabitEthernet 0/0/0
[AR2-GigabitEthernet0/0/0]ip address 200.100.2.254 24      //配置端口 IP 地址
[AR2-GigabitEthernet0/0/0]quit
[AR2]interface GigabitEthernet 0/0/1
[AR2-GigabitEthernet 0/0/1]ip address 200.100.10.2 30      //配置端口 IP 地址
[AR2-GigabitEthernet 0/0/1]quit
[AR2]router id 2.2.2.2
[AR2]ospf 1
[AR2-ospf-1]area 0
[AR2-ospf-1-area-0.0.0.0]network 200.100.10.0 0.0.0.3      //通告路由
[AR2-ospf-1-area-0.0.0.0]network 200.100.2.0 0.0.0.255     //通告路由
[AR2-ospf-1-area-0.0.0.0]quit
[AR2-ospf-1]quit
[AR2]ip route-static 202.199.184.0 255.255.255.0 200.100.10.1
              //配置静态路由，到达转换后的内部全局地址 202.199.184.0 网段的路由
```

（5）显示路由器 AR1、AR2 的配置信息。以路由器 AR1 为例，主要相关实例代码如下。

```
<AR1>display current-configuration
#
sysname AR1
#
router id 1.1.1.1
#
interface GigabitEthernet0/0/0
   ip address 192.168.1.254 255.255.255.0
#
interface GigabitEthernet 0/0/1
ip address 200.100.10.1 255.255.255.252
   nat static global 202.199.184.10 inside 192.168.1.10 netmask 255.255.255.255
   nat static global 202.199.184.11 inside 192.168.1.11 netmask 255.255.255.255
#
ospf 1
   area 0.0.0.0
    network 200.100.10.0 0.0.0.3
#
return
<AR1>
```

（6）验证主机 PC1 的连通性，主机 PC1 访问主机 PC3 的结果如图 6.20 所示。

微课

配置静态
NAT——结果测试

图 6.20　主机 PC1 访问主机 PC3 的结果

（7）在主机 PC1 持续访问主机 PC3 时，查看路由器 AR1 的 NAT 信息，使用 display nat session all verbose 命令后，NAT 信息中显示的各字段的含义如表 6.1 所示。

表 6.1 NAT 信息中显示的各字段的含义

字段	含义
NAT Session Table Information	显示 NAT 映射表项的信息
Protocol	显示协议类型
SrcAddr Vpn	显示转换前源地址、服务端口号和 VPN 实例名称
DestAddr Vpn	显示转换前目的地址、服务端口号和 VPN 实例名称
Time To Live	显示生存时间
NAT-Info	显示 NAT 信息
New SrcAddr	显示转换后的源地址
New SrcPort	显示转换后的源端口号
New DestAddr	显示转换后的目的地址
New DestPort	显示转换后的目的端口号
Total	显示 NAT 映射表项的个数

使用 display nat session all verbose 命令，显示路由器 AR1 的 NAT 信息，如图 6.21 所示。

（8）查看路由器 AR1 的静态 NAT 地址信息，这里使用 display nat static 命令，如图 6.22 所示。

图 6.21 显示路由器 AR1 的 NAT 信息　　图 6.22 查看路由器 AR1 的静态 NAT 地址信息

（9）显示路由器 AR1 的路由表信息，这里使用 display ip routing-table 命令，如图 6.23 所示。可以看到两条直连路由（192.168.1.0 网段与 200.100.10.0 网段），OSPF 路由学习到一条路由（200.100.2.0 网段），而 202.199.184.0 网段作为环回地址段使用。

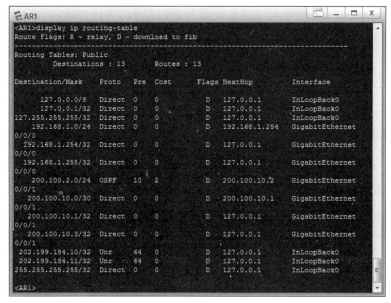

图 6.23 显示路由器 AR1 的路由表信息

（10）显示路由器 AR2 的路由表信息，这里使用 display ip routing-table 命令，如图 6.24 所示。可以看到两条直连路由（200.100.10.0 网段和 200.100.2.0 网段）、一条静态路由（202.199.184.0 网段），从路由器 AR2 的路由表信息中可以看出直连在路由器 AR1 上的网段地址 192.168.1.0 并没有学习到，这是因为在路由器 AR1 上并没有通告网段地址 192.168.1.0。因为在路由器 AR1 上进行了静态 NAT 配置，所以主机 PC1 可以访问主机 PC3。

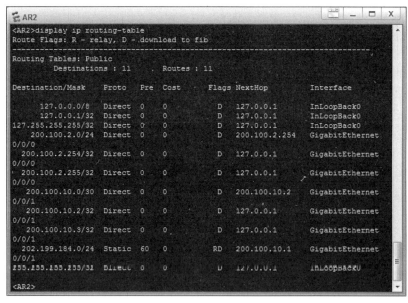

图 6.24 显示路由器 AR2 的路由表信息

6.2.6 配置动态 NAT

（1）配置动态 NAT，进行网络拓扑连接，相关端口与 IP 地址配置如图 6.25 所示。

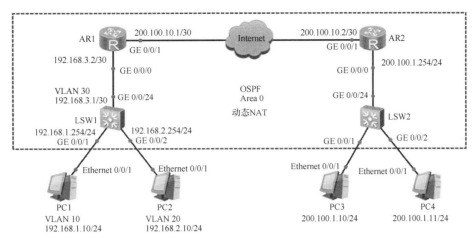

图 6.25　配置动态 NAT

（2）配置主机 PC1 和主机 PC3 的 IP 地址等信息，如图 6.26 所示。

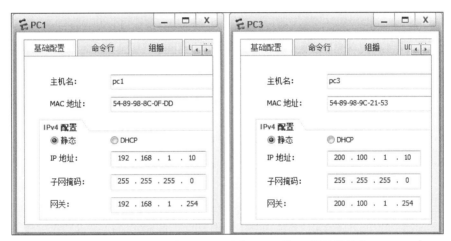

图 6.26　配置主机 PC1 和主机 PC3 的 IP 地址等信息

（3）配置交换机 LSW1，相关实例代码如下。

```
<Huawei>system-view
[Huawei]sysname LSW1
[LSW1]vlan batch 10 20 30
[LSW1]interface GigabitEthernet 0/0/1
[LSW1-GigabitEthernet0/0/1]port link-type access
[LSW1-GigabitEthernet0/0/1]port default vlan 10
[LSW1-GigabitEthernet0/0/1]quit
[LSW1]interface GigabitEthernet 0/0/2
[LSW1-GigabitEthernet0/0/2]port link-type access
[LSW1-GigabitEthernet0/0/2]port default vlan 20
[LSW1-GigabitEthernet0/0/2]quit
[LSW1]interface GigabitEthernet 0/0/24
[LSW1-GigabitEthernet0/0/24]port link-type access
[LSW1-GigabitEthernet0/0/24]port default vlan 30
[LSW1-GigabitEthernet0/0/24]quit
[LSW1]interface Vlanif 10
[LSW1-Vlanif10]ip address 192.168.1.254 24
[LSW1-Vlanif10]quit
[LSW1]interface Vlanif 20
[LSW1-Vlanif20]ip address 192.168.2.254 24
```

```
[LSW1-Vlanif20]quit
[LSW1]interface Vlanif 30
[LSW1-Vlanif30]ip address 192.168.3.1 30
[LSW1-Vlanif30]quit
[LSW1]router id 1.1.1.1
[LSW1]ospf 1
[LSW1-ospf-1]area 0
[LSW1-ospf-1-area-0.0.0.0]network 192.168.3.0 0.0.0.3         // 通告路由
[LSW1-ospf-1-area-0.0.0.0]network 192.168.1.0 0.0.0.255       // 通告路由
[LSW1-ospf-1-area-0.0.0.0]network 192.168.2.0 0.0.0.255       // 通告路由
[LSW1-ospf-1-area-0.0.0.0]quit
[LSW1-ospf-1]quit
[LSW1]
```

（4）显示交换机 LSW1 的配置信息，主要相关实例代码如下。

```
<LSW1>display current-configuration
#
sysname LSW1
#
router id 1.1.1.1
#
vlan batch 10 20 30
#
interface Vlanif10
   ip address 192.168.1.254 255.255.255.0
#
interface Vlanif20
   ip address 192.168.2.254 255.255.255.0
#
interface Vlanif30
   ip address 192.168.3.1 255.255.255.252
#
interface GigabitEthernet0/0/1
   port link-type access
   port default vlan 10
#
interface GigabitEthernet0/0/2
   port link-type access
   port default vlan 20
#
interface GigabitEthernet0/0/24
   port link-type access
   port default vlan 30
#
ospf 1
   area 0.0.0.0
    network 192.168.1.0 0.0.0.255
    network 192.168.2.0 0.0.0.255
    network 192.168.3.0 0.0.0.3
#
return
<LSW1>
```

（5）配置路由器 AR1，相关实例代码如下。

```
<Huawei>system-view
Enter system view, return user view with Ctrl+Z.
[Huawei]sysname AR1
```

```
[AR1]interface GigabitEthernet 0/0/0
[AR1-GigabitEthernet0/0/0]ip address 192.168.3.2 30
[AR1-GigabitEthernet0/0/0]quit
[AR1]interface GigabitEthernet 0/0/1
[AR1-GigabitEthernet0/0/1]ip address 200.100.10.1 30
[AR1-GigabitEthernet0/0/1]quit
[AR1]router id 2.2.2.2
[AR1]ospf 1
[AR1-ospf-1]area 0
[AR1-ospf-1-area-0.0.0.0]network 192.168.3.0 0.0.0.3          //通告路由
[AR1-ospf-1-area-0.0.0.0]network 200.100.10.0 0.0.0.3         //通告路由
[AR1-ospf-1-area-0.0.0.0]quit
[AR1-ospf-1]quit
[AR1]nat address-group 1 202.199.184.10 202.199.184.100       //为VLAN 10分配全局地址
[AR1]nat address-group 2 202.199.184.101 202.199.184.200      //为VLAN 20分配全局地址
[AR1]acl number 3021                                          //定义高级ACL 3021
[AR1-acl-adv-3021]rule 1 permit ip source 192.168.1.0 0.0.0.255  //允许VLAN 10的数据通过
[AR1-acl-adv-3021]quit
[AR1]acl number 3022                                          //定义高级ACL 3022
[AR1-acl-adv-3022]rule 2 permit ip source 192.168.2.0 0.0.0.255  //允许VLAN 20的数据通过
[AR1-acl-adv-3022]quit
[AR1]interface GigabitEthernet 0/0/1
[AR1-GigabitEthernet0/0/1]nat outbound 3021 address-group 1 no-pat
                                                              //动态NAT映射VLAN 10
[AR1-GigabitEthernet0/0/1]nat outbound 3022 address-group 2 no-pat
                                                              //动态NAT映射VLAN 20
[AR1-GigabitEthernet0/0/1]quit
[AR1]
```

（6）配置路由器AR2，相关实例代码如下。

```
<Huawei>system-view
[Huawei]sysname AR2                                           //配置路由器名称
[AR2]interface GigabitEthernet 0/0/0
[AR2-GigabitEthernet0/0/0] ip address 200.100.1.254 24        //配置端口IP地址
[AR2-GigabitEthernet0/0/0]quit
[AR2]interface GigabitEthernet 0/0/1
[AR2-GigabitEthernet0/0/1] ip address 200.100.10.2 30         //配置端口IP地址
[AR2-GigabitEthernet0/0/1]quit
[AR2]router id 3.3.3.3
[AR2]ospf 1
[AR2-ospf-1]area 0
[AR2-ospf-1-area-0.0.0.0]network 200.100.1.0 0.0.0.255        //通告路由
[AR2-ospf-1-area-0.0.0.0]network 200.100.10.0 0.0.0.3         //通告路由
[AR2-ospf-1-area-0.0.0.0]quit
[AR2-ospf-1]quit
[AR2] ip route-static 202.199.184.0 255.255.255.0 200.100.10.1
        //配置静态路由，到达转换后的内部全局地址202.199.184.0网段的路由
[AR2]
```

（7）显示路由器AR1、AR2的配置信息。以路由器AR1为例，主要相关实例代码如下。

```
<AR1>display current-configuration
#
sysname AR1
#
router id 2.2.2.2
#
acl number 3021
```

```
   rule 5 permit ip source 192.168.1.0 0.0.0.255
acl number 3022
   rule 5 permit ip source 192.168.2.0 0.0.0.255
#
   nat address-group 1 202.199.184.10 202.199.184.100
   nat address-group 2 202.199.184.101 202.199.184.200
#
interface GigabitEthernet0/0/0
   ip address 192.168.3.2 255.255.255.252
#
interface GigabitEthernet0/0/1
   ip address 200.100.10.1 255.255.255.252
   nat outbound 3021 address-group 1 no-pat
   nat outbound 3022 address-group 2 no-pat
#
ospf 1
   area 0.0.0.0
    network 192.168.3.0 0.0.0.3
    network 200.100.10.0 0.0.0.3
#
return
<AR1>
```

（8）验证主机 PC1 的连通性，主机 PC1 访问主机 PC3 的结果如图 6.27 所示。

微课

配置动态
NAT——结果测试

图 6.27 主机 PC1 访问主机 PC3 的结果

（9）在主机 PC1 持续访问主机 PC3 时，使用 display nat session all verbose 命令，查看路由器 AR1 的 NAT 信息，如图 6.28 所示。

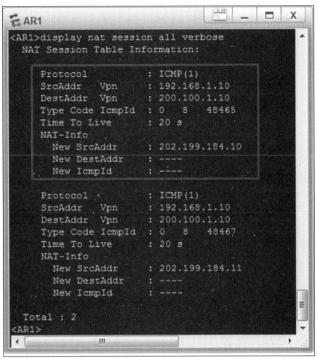

图 6.28 主机 PC1 持续访问主机 PC3 时，查看路由器 AR1 的 NAT 信息

可以看出 VLAN 10 中的主机被动态转换成 202.199.184.10 ～ 202.199.184.100 中的地址，NAT 映射表项的个数为 2。

（10）在主机 PC2 持续访问主机 PC4 时，使用 display nat session all verbose 命令，查看路由器 AR1 的 NAT 信息，如图 6.29 所示。

图 6.29 主机 PC2 持续访问主机 PC4 时，查看路由器 AR1 的 NAT 信息

可以看出 VLAN 10 中的主机被动态转换成 202.199.184.101～202.199.184.200 中的地址，NAT 映射表项的个数为 2。

（11）查看路由器 AR1 的动态 NAT 地址信息类型，这里使用 display nat outbound 命令，如图 6.30 所示，可以看出 NAT 地址信息类型为"no-pat"，即动态转换。

图 6.30　查看路由器 AR1 的动态 NAT 地址信息类型

（12）查看路由器 AR1 的动态 NAT 地址组信息，这里使用 display nat address-group 命令，如图 6.31 所示。

（13）显示路由器 AR1、路由器 AR2、交换机 LSW1 的路由表信息。以路由器 AR1 为例，这里使用 display ip routing-table 命令，如图 6.32 所示。

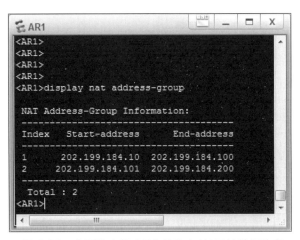

图 6.31　查看路由器 AR1 的动态 NAT 地址组信息

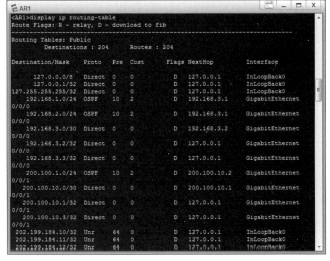

图 6.32　显示路由器 AR1 的路由表信息

6.2.7　配置 PAT

（1）配置 PAT，进行网络拓扑连接，相关端口与 IP 地址配置如图 6.33 所示。

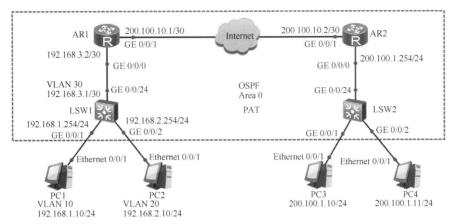

图 6.33　配置 PAT

（2）配置主机 PC2 和主机 PC4 的 IP 地址等信息，如图 6.34 所示。

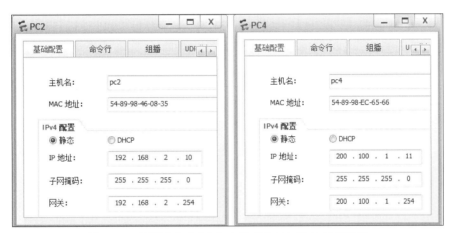

图 6.34　配置主机 PC2 和主机 PC4 的 IP 地址等信息

（3）配置交换机 LSW1，相关实例代码如下。

```
<Huawei>system-view
[Huawei]sysname LSW1
[LSW1]vlan batch 10 20 30
[LSW1]interface GigabitEthernet 0/0/1
[LSW1-GigabitEthernet0/0/1]port link-type access
[LSW1-GigabitEthernet0/0/1]port default vlan 10
[LSW1-GigabitEthernet0/0/1]quit
[LSW1]interface GigabitEthernet 0/0/2
[LSW1-GigabitEthernet0/0/2]port link-type access
[LSW1-GigabitEthernet0/0/2]port default vlan 20
[LSW1-GigabitEthernet0/0/2]quit
[LSW1]interface GigabitEthernet 0/0/24
[LSW1-GigabitEthernet0/0/24]port link-type access
[LSW1-GigabitEthernet0/0/24]port default vlan 30
[LSW1-GigabitEthernet0/0/24]quit
[LSW1]interface Vlanif 10
[LSW1-Vlanif10]ip address 192.168.1.254 24
[LSW1-Vlanif10]quit
[LSW1]interface Vlanif 20
[LSW1-Vlanif20]ip address 192.168.2.254 24
[LSW1-Vlanif20]quit
```

```
[LSW1]interface Vlanif 30
[LSW1-Vlanif30]ip address 192.168.3.1 30
[LSW1-Vlanif30]quit
[LSW1]router id 1.1.1.1
[LSW1]ospf 1
[LSW1-ospf-1]area 0
[LSW1-ospf-1-area-0.0.0.0]network 192.168.3.0 0.0.0.3            // 通告路由
[LSW1-ospf-1-area-0.0.0.0]network 192.168.1.0 0.0.0.255          // 通告路由
[LSW1-ospf-1-area-0.0.0.0]network 192.168.2.0 0.0.0.255          // 通告路由
[LSW1-ospf-1-area-0.0.0.0]quit
[LSW1-ospf-1]quit
[LSW1]
```

（4）显示交换机 LSW1 的配置信息，主要相关实例代码如下。

```
<LSW1>display current-configuration
#
sysname LSW1
#
router id 1.1.1.1
#
vlan batch 10 20 30
#
interface Vlanif10
   ip address 192.168.1.254 255.255.255.0
#
interface Vlanif20
   ip address 192.168.2.254 255.255.255.0
#
interface Vlanif30
   ip address 192.168.3.1 255.255.255.252
#
interface GigabitEthernet0/0/1
   port link-type access
   port default vlan 10
#
interface GigabitEthernet0/0/2
   port link-type access
   port default vlan 20
#
interface GigabitEthernet0/0/24
   port link-type access
   port default vlan 30
#
ospf 1
   area 0.0.0.0
    network 192.168.1.0 0.0.0.255
    network 192.168.2.0 0.0.0.255
    network 192.168.3.0 0.0.0.3
#
return
<LSW1>
```

（5）配置路由器 AR1，相关实例代码如下。

```
<Huawei>system-view
Enter system view, return user view with Ctrl+Z.
[Huawei]sysname AR1
[AR1]interface GigabitEthernet 0/0/0
```

```
[AR1-GigabitEthernet0/0/0]ip address 192.168.3.2 30
[AR1-GigabitEthernet0/0/0]quit
[AR1]interface GigabitEthernet 0/0/1
[AR1-GigabitEthernet0/0/1]ip address 200.100.10.1 30
[AR1-GigabitEthernet0/0/1]quit
[AR1]router id 2.2.2.2
[AR1]ospf 1
[AR1-ospf-1]area 0
[AR1-ospf-1-area-0.0.0.0]network 192.168.3.0 0.0.0.3           // 通告路由
[AR1-ospf-1-area-0.0.0.0]network 200.100.10.0 0.0.0.3          // 通告路由
[AR1-ospf-1-area-0.0.0.0]quit
[AR1-ospf-1]quit
[AR1]nat address-group 1 202.199.184.10 202.199.184.15         // 为VLAN 10 分配全局地址
[AR1]nat address-group 2 202.199.184.20 202.199.184.25         // 为VLAN 20 分配全局地址
[AR1]acl number 3021                                            // 定义高级ACL 3021
[AR1-acl-adv-3021]rule 1 permit ip source 192.168.1.0 0.0.0.255 // 允许VLAN 10 的数据通过
[AR1-acl-adv-3021]quit
[AR1]acl number 3022                                            // 定义高级ACL 3022
[AR1-acl-adv-3022]rule 2 permit ip source 192.168.2.0 0.0.0.255 // 允许VLAN 20 的数据通过
[AR1-acl-adv-3022]quit
[AR1]interface GigabitEthernet 0/0/1
[AR1-GigabitEthernet0/0/1]nat outbound 3021 address-group 1
                                                                // 配置PAT 映射VLAN 10
   [AR1-GigabitEthernet0/0/1]nat outbound 3022 address-group 2
                                                                // 配置PAT 映射VLAN 20
[AR1-GigabitEthernet0/0/1]quit
[AR1]
```

(6)配置路由器 AR2,相关实例代码如下。

```
<Huawei>system-view
[Huawei]sysname AR2                                            // 配置路由器名称
[AR2]interface GigabitEthernet 0/0/0
[AR2-GigabitEthernet0/0/0] ip address 200.100.1.254 24         // 配置端口IP 地址
[AR2-GigabitEthernet0/0/0]quit
[AR2]interface GigabitEthernet 0/0/1
[AR2-GigabitEthernet0/0/1] ip address 200.100.10.2 30          // 配置端口IP 地址
[AR2-GigabitEthernet0/0/1]quit
[AR2]router id 3.3.3.3
[AR2]ospf 1
[AR2-ospf-1]area 0
[AR2-ospf-1-area-0.0.0.0]network 200.100.1.0 0.0.0.255         // 通告路由
[AR2-ospf-1-area-0.0.0.0]network 200.100.10.0 0.0.0.3          // 通告路由
[AR2-ospf-1-area-0.0.0.0]quit
[AR2-ospf-1]quit
[AR2] ip route-static 202.199.184.0 255.255.255.0 200.100.10.1
        // 配置静态路由,到达转换后的内部全局地址202.199.184.0 网段的路由
[AR2]
```

(7)显示路由器 AR1、AR2 的配置信息。以路由器 AR1 为例,主要相关实例代码如下。

```
<AR1>display current-configuration
#
sysname AR1
#
router id 2.2.2.2
#
acl number 3021
   rule 5 permit ip source 192.168.1.0 0.0.0.255
```

```
acl number 3022
   rule 5 permit ip source 192.168.2.0 0.0.0.255
#
   nat address-group 1 202.199.184.10 202.199.184.15
   nat address-group 2 202.199.184.20 202.199.184.25
#
interface GigabitEthernet0/0/0
   ip address 192.168.3.2 255.255.255.252
#
interface GigabitEthernet0/0/1
   ip address 200.100.10.1 255.255.255.252
   nat outbound 3021 address-group 1
   nat outbound 3022 address-group 2
#
ospf 1
   area 0.0.0.0
     network 192.168.3.0 0.0.0.3
     network 200.100.10.0 0.0.0.3
#
return
<AR1>
```

（8）验证主机 PC2 的连通性，主机 PC2 访问主机 PC4 的结果如图 6.35 所示。

微课

配置 PAT——
结果测试

图 6.35　主机 PC2 访问主机 PC4 的结果

（9）在主机 PC1 持续访问主机 PC3 时，使用 display nat session all verbose 命令，查看路由器 AR1 的 NAT 信息，如图 6.36 所示。

可以看出 VLAN 10 中的主机被动态转换成 202.199.184.10 ～ 202.199.184.15 中的地址 202.199.184.12，New IcmpId 端口号为 10259、10260，NAT 映射表项的个数为 2。

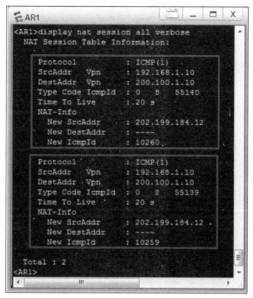

图 6.36 主机 PC1 持续访问主机 PC3 时，查看路由器 AR1 的 NAT 信息

注　意　NAT Session 中使用 ICMP 的 IDENTIFY ID 作为端口识别条件，所以 ICMP 本身没有端口，但是 NAT 的会话中是有端口信息的。

（10）在主机 PC2 持续访问主机 PC4 时，使用 display nat session all verbose 命令，查看路由器 AR1 的 NAT 信息，如图 6.37 所示。

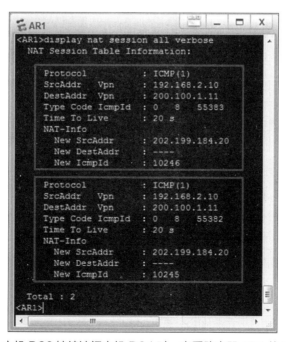

图 6.37 主机 PC2 持续访问主机 PC4 时，查看路由器 AR1 的 NAT 信息

可以看出 VLAN 10 中的主机被动态转换成 202.199.184.20 ～ 202.199.184.25 中的地址 202.199.184.20，New IcmpId 端口号为 10245、10246，NAT 映射表项的个数为 2。

（11）查看路由器 AR1 的动态 NAT 地址信息类型，这里使用 display nat outbound 命令，如图 6.38 所示，可以看出 NAT 地址信息类型为"pat"。

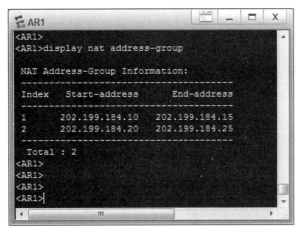

图 6.38　查看路由器 AR1 的动态 NAT 地址信息类型

（12）查看路由器 AR1 的动态 NAT 地址组信息，这里使用 display nat address-group 命令，如图 6.39 所示。

（13）查看路由器 AR1、路由器 AR2、交换机 LSW1 的路由表信息。以路由器 AR2 为例，使用 display ip routing-table 命令，如图 6.40 所示。

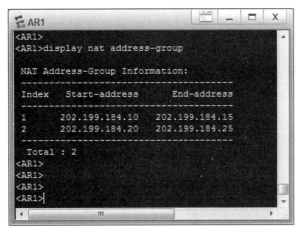

图 6.39　查看路由器 AR1 的动态 NAT 地址组信息

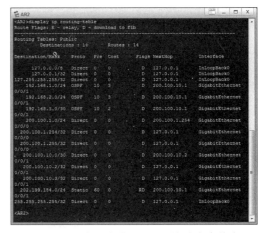

图 6.40　查看路由器 AR2 的路由表信息

任务 6.3　配置 IPv6

**任务陈述**

Internet 中的任何两台主机通信都需要全球唯一的 IP 地址，随着越来越多的用户加入 Internet，IP 地址资源越来越紧张，IPv4 地址空间已经消耗殆尽，2019 年 12 月，ISP 决定提

供第 6 版互联网协议（Internet Protocol version 6，IPv6）服务。小李是公司的网络工程师。公司业务不断发展，越来越离不开网络。公司考虑到业务的发展需要，决定启用 IPv6 服务。小李根据公司的要求制作了一份合理的网络实施方案，他该如何完成网络设备的相应配置呢？

6.3.1 IPv6 概述

在 Internet 发展初期，第 4 版互联网协议（Internet Protocol version 4，IPv4）以其简单、易于实现、互操作性好的优势得到快速发展。然而，随着 Internet 的迅猛发展，IPv4 地址不足等设计缺陷也日益明显。IPv4 理论上能够提供的地址数量约为 43 亿，但是由于地址分配机制等限制，IPv4 中实际可使用的地址数量远少于 43 亿。Internet 的迅猛发展令人始料未及，同时带来了地址短缺的问题。针对这一问题，先后出现过几种解决方案，如 CIDR 和 NAT，但是它们都有各自的弊端和不能解决的问题。在这样的情况下，IPv6 的应用和推广需要便显得越来越迫切。

随着 Internet 规模的不断扩大，IPv4 地址空间已经消耗殆尽。IPv4 网络地址有限，严重制约了 Internet 的应用和发展。另外，网络的安全性、QoS、简便配置等需求也表明需要一种新的协议来彻底地解决 IPv4 面临的问题。IPv6 不仅能解决网络地址短缺的问题，还能解决多种接入设备连入互联网的问题，使得配置更加简单、方便。IPv6 采用全新的报文格式，可提高报文的处理效率，也可提高网络的安全性，还能更好地支持 QoS。

IPv6 是 IETF 设计的用于替代 IPv4 的下一代 IP，其地址数量号称"可以为全世界的每一粒沙子分配一个地址"。IPv6 是网络层协议的第二代标准协议，也是 IPv4 的升级版本。IPv6 与 IPv4 最显著的区别如下：IPv4 地址采用 32 位标识，而 IPv6 地址采用 128 位标识。128 位的 IPv6 地址可以划分更多地址层级、拥有更广阔的地址分配空间，并支持地址自动配置。IPv4 与 IPv6 地址空间如表 6.2 所示。

表 6.2　IPv4 与 IPv6 地址空间

IP 地址版本	长度	地址空间
IPv4	32 位	4294967296
IPv6	128 位	340282366920938463463374607431768211456

IPv6 地址长度为 128 位，用于标识一个或一组端口。IPv6 地址通常写作 *xxxx*:*xxxx*:*xxxx*:*xxxx*:*xxxx*:*xxxx*:*xxxx*:*xxxx*，其中 *xxxx* 是 4 个十六进制数，等同于 16 个二进制数；8 组 *xxxx* 共同组成了一个 128 位的 IPv6 地址。一个 IPv6 地址由 IPv6 地址前缀和端口 ID 组成，IPv6 地址前缀用来标识 IPv6 网络，端口 ID 用来标识端口。

IPv6 的地址长度是 IPv4 的 4 倍。于是 IPv4 地址的十进制格式不再适用，IPv6 地址采用十六进制表示。IPv6 地址有以下 3 种表示方法。

（1）冒分十六进制表示法

格式为 X:X:X:X:X:X:X:X，每个 X 表示地址中的 16 位，以十六进制数表示。例如，ABCD:EF01:2345:6789:ABCD:EF01:2345:6789。在这种表示法中，每个 X 的前导 0 是可以省略的。例如，2001:0DB8:0000:0023:0008:0800:200C:417A 可以写为 2001:DB8:0:23:8:800:200C:417A。

（2）0 位压缩表示法

在某些情况下，一个 IPv6 地址中间可能包含连续的一段 0，可以把连续的一段 0 压缩为"::"。但为保证地址解析的唯一性，地址中只能出现一次"::"。例如，FF01:0:0:0:0:0:0:1101 可以写为 FF01::1101，0:0:0:0:0:0:0:1 可以写为 ::1，0:0:0:0:0:0:0:0 可以写为 ::。

（3）内嵌 IPv4 地址表示法

为了实现 IPv4 和 IPv6 的互通，将 IPv4 地址嵌入 IPv6 地址中，此时地址常表示为 X:X:X:X:X:X:d.d.d.d，前 96 位地址采用冒分十六进制表示法表示，而后 32 位地址则使用 IPv4 地址的点分十进制表示法表示。::192.168.11.1 与 ::FFFF:192.168.11.1 就是两个典型的例子。注意，在前 96 位地址中，0 位压缩表示法依旧适用。

6.3.2　IPv6 地址类型

IPv6 主要定义了 3 种地址类型：单播地址（Unicast Address）、组播地址（Multicast Address）和任播地址（Anycast Address）。与 IPv4 相比，IPv6 中新增了任播地址，取消了 IPv4 中的广播地址，因为 IPv6 中的广播功能是通过组播来实现的。

目前，IPv6 地址空间中还有很多地址尚未分配，一方面是因为 IPv6 有着巨大的地址空间；另一方面是因为寻址方案还有待发展，关于地址类型的适用范围也多有值得商榷的地方，有一小部分全球单播地址已经由 IANA（ICANN 的一个分支）分配给了用户。单播地址的格式是 2000::/3，代表公网上任意可用的地址。IANA 负责将该地址范围内的地址分配给多个区域互联网注册管理机构（Regional Internet Registry，RIR）。RIR 负责全球 5 个区域的地址分配。以下几个地址范围已经分配：2400::/12、2600::/12、2800::/12、2A00::/12 和 2C00::/12。它们使用单一地址前缀标识特定区域中的所有地址。2000::/3 地址范围中还为文档示例预留了地址空间，如 2001:0DB8::/32。

链路本地地址只能在连接到同一本地链路的节点之间使用。可以在地址自动分配、邻居发现和链路上没有路由器的情况下使用链路本地地址。以链路本地地址为源地址或目的地址的 IPv6 报文不会被路由器转发到其他链路中。链路本地地址的地址前缀是 FE80::/10。

组播地址的地址前缀是 FF00::/8。组播地址范围内的大部分地址是为特定组播组保留的。

与 IPv4 一样，IPv6 组播地址也支持路由协议。IPv6 中没有广播地址，用组播地址替代广播地址可以确保报文只发送给特定的组播组而不是 IPv6 网络中的任意终端。

IPv6 还包括一些特殊地址，如未指定地址 ::/128 和环回地址 ::/128。如果没有给一个端口分配 IP 地址，则该端口的 IP 地址为 ::/128。需要注意的是，不能将未指定地址与默认 IP 地址 ::/0 混淆。IPv6 中的默认 IP 地址 ::/0 与 IPv4 中的默认地址 0.0.0.0/0 类似。环回地址 127.0.0.1 在 IPv6 中被定义为保留地址 ::1/128。

IPv6 地址类型是由地址前缀部分来确定的，其主要地址类型与对应的地址前缀如表 6.3 所示。

表 6.3 IPv6 主要地址类型与对应的地址前缀

主要地址类型	地址前缀
未指定地址	::/128
环回地址	::1/128
链路本地地址	FE80::/10
唯一本地地址	FC00::/7（包括 FD00::/8 和不常用的 FC00::/8）
站点本地地址（已弃用，被唯一本地地址代替）	FEC0::/10
全球单播地址	2000::/3
组播地址	FF00::/8
任播地址	从单播地址空间中分配，使用单播地址的格式

1. 单播地址

IPv6 单播地址与 IPv4 单播地址一样，都只标识了一个端口，发送到单播地址的数据报文将被传送给此地址标识的端口。为了适应负载均衡系统，RFC 3513 允许多个端口使用同一个地址，但这些端口要作为主机上实现 IPv6 的单个端口出现。单播地址包括 4 个类型：全球单播地址、本地单播地址、兼容性地址、特殊地址。

（1）全球单播地址。全球单播地址等同于 IPv4 中的公网地址，可以在 IPv6 网络上进行全局路由和访问。这种地址类型允许路由前缀的聚合，从而限制了全球路由表项的数量。全球单播地址（如 2000::/3）带有固定的地址前缀，即前 3 位为固定值 001。其地址结构是 3 层结构，依次为全球路由前缀、子网标识和端口标识。全球路由前缀由 RIR 和 ISP 组成，RIR 为 ISP 分配 IP 地址前缀。子网标识定义了网络的管理子网。

（2）本地单播地址。链路本地地址和唯一本地地址都属于本地单播地址，在 IPv6 中，本地单播地址就是指本地网络使用的单播地址，也就相当于 IPv4 地址中的局域网专用地址。每个端口上至少要有一个链路本地地址。另外，可为端口分配任何地址类型（单播地址、任播地址和组播地址)或范围内的 IPv6 地址。

① 链路本地地址(FE80::/10)。链路本地地址仅用于单条链路(链路层不能跨 VLAN),不能在不同子网中路由。节点使用链路本地地址与同一条链路上的相邻节点进行通信。例如,在没有路由器的单链路 IPv6 网络上,主机使用链路本地地址与该链路上的其他主机进行通信。链路本地地址的地址前缀为 FE80::/10;表示地址最高 10 位为 1111111010,地址前缀后面的 64 位是端口标识,这 64 位已足够主机端口使用,因而链路本地地址的剩余 54 位为 0。

② 唯一本地地址(FC00::/7)。唯一本地地址是本地全局的地址,它应用于本地通信,但不通过 Internet 路由,其范围被限制为组织的边界。

③ 站点本地地址(FEC0::/10)。在新标准中,站点本地地址已被唯一本地地址代替。

(3)兼容性地址。在 IPv6 的转换机制中还包括一种通过 IPv4 路由端口以隧道方式动态传递 IPv6 包的技术。这样的 IPv6 节点会被分配一个在低 32 位中带有全球 IPv4 单播地址的 IPv6 全球单播地址。还有一种嵌入了 IPv4 地址的 IPv6 地址,这类地址用于局域网内部,会把 IPv4 节点当作 IPv6 节点。此外,还有一种称为"6to4"的 IPv6 地址,用于在两个在 Internet 上同时运行 IPv4 和 IPv6 的节点之间进行通信。

(4)特殊地址。特殊地址包括未指定地址和环回地址。未指定地址(0:0:0:0:0:0:0:0 或 ::)仅用于表示某个地址不存在,它等价于 IPv4 未指定地址 0.0.0.0。未指定地址通常被用作尝试验证暂定地址唯一性数据包的源地址,并且永远不会指派给某个端口或被用作目的地址。环回地址(0:0:0:0:0:0:0:1 或 ::1)用于标识环回端口,允许节点将数据包发送给自己,它等价于 IPv4 环回地址 127.0.0.1。发送到环回地址的数据包永远不会发送给某个连接,也永远不会通过 IPv6 路由器转发。

2. 组播地址

IPv6 组播地址可识别多个端口,对应于一组端口的地址(通常分属于不同节点),类似于 IPv4 中的组播地址,发送到组播地址的数据报文会被传送给此地址标识的所有端口。使用适当的组播路由拓扑,可将向组播地址发送的数据包发送给该地址识别的所有端口。IPv6 组播地址的范围及其描述如表 6.4 所示。任意位置的 IPv6 节点可以侦听任意 IPv6 组播地址上的组播通信。IPv6 节点可以同时侦听多个组播地址,也可以随时加入或离开组播组。

表 6.4 IPv6 组播地址

地址范围	描述
FF02::1	链路本地范围内的所有节点
FF02::2	链路本地范围内的所有路由器

IPv6 组播地址最明显的特征就是最高的 8 位固定为 11111111，如图 6.41 所示。IPv6 地址很容易区分组播地址，因为它总是以 FF 开头。

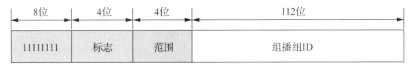

图 6.41 IPv6 组播地址的结构

IPv6 的组播地址与 IPv4 的组播地址功能相同，用来标识一组端口，一般这些端口属于不同的节点。一个节点可能属于 0 到多个组播组，目的地址为组播地址的报文会被相应组播地址标识的所有端口接收。IPv6 组播地址由前缀、标志、范围及组播组 ID4 个部分组成。

（1）前缀：IPv6 组播地址的前缀是 FF00::/8（11111111）。

（2）标志：长度为 4 位，目前只使用了最后一位（前 3 位必须为 0）。当该值为 0 时，表示当前的组播地址是由 IANA 分配的一个永久分配地址；当该值为 1 时，表示当前的组播地址是一个临时组播地址（非永久分配地址）。

（3）范围：长度为 4 位，用来限制组播数据流在网络中发送的范围。

（4）组播组 ID：长度为 112 位，用以标识组播组。目前，RFC 2373 并没有将所有的 112 位都定义成组标识，而是建议仅使用该 112 位的最低 32 位作为组播组 ID，将剩余的 80 位都置为 0。这样，每个组播组 ID 都可以映射到唯一的以太网组播 MAC 地址上。

3. 任播地址

与组播地址一样，一个 IPv6 任播地址也可以识别多个端口，对应一组端口的地址。大多数情况下，这些端口属于不同的节点。但是，与组播地址不同的是，发送到任播地址的数据包会被发送到由该地址标识的其中一个端口；通过合适的路由拓扑，目的地址为任播地址的数据包将被发送到单个端口（该地址识别的最近端口，最近端口的定义依据是路由距离最近）。一个任播地址不能用作 IPv6 数据包的源地址，也不能分配给 IPv6 主机，仅可以分配给 IPv6 路由器。

任播过程涉及一个任播报文发起方和一个或多个响应方。任播报文的发起方通常为请求某一服务（DNS 查找）的主机或请求返还特定数据（如 HTTP 网页信息）的主机。任播地址与单播地址在格式上无任何差异，唯一的区别是一台设备可以给多台具有相同地址的设备发送报文。在企业网络中运用任播地址有很多优势，其中一个优势是实现业务冗余。例如，用户可以通过多台使用相同地址的服务器获取同一个服务（如 HTTP）。这些服务器都是任播报文的响应方，如果不采用任播地址通信，则当其中一台服务器发生故障时，用户需要获取另一台服务器的地址才能重新建立通信。如果采用任播地址通信，则当一台服务器发生故障时，任播报文的发起方能够自动与使用相同地址的另一台服务器通信，从而实现了业务冗余。

使用多服务器接入还能够提高工作效率。例如，用户（任播地址的发起方）浏览公司网页时，与相同的单播地址建立链路，连接的对端是具有相同任播地址的多台服务器，用户就可以从不同的镜像服务器上分别下载网页文件和图片等。用户可利用多个服务器的带宽同时下载网页文件和图片等，其效率远远高于使用单播地址进行下载。

与 IPv4 相比，IPv6 具有以下几个优势。

（1）IPv6 具有更大的地址空间。IPv4 中规定 IP 地址的长度为 32 位，最大地址个数为 2^{32}；而 IPv6 中 IP 地址的长度为 128 位，即最大地址个数为 2^{128}。与 IPv4 地址空间相比，IPv6 地址空间增加了（$2^{128} - 2^{32}$）个。

（2）IPv6 使用更小的路由表。IPv6 的地址分配一开始就遵循聚类原则，这使得路由器能在路由表中用一条记录（Entry）表示一片子网，可大大减小路由器中路由表的长度，提高路由器转发数据包的速度。

（3）IPv6 增加了增强的组播支持以及对流的控制，这可使网络上的多媒体应用有长足发展的机会，为 QoS 控制提供良好的网络平台。

（4）IPv6 加入了对自动配置的支持。这是对 DHCP 的改进和扩展，使得对网络（尤其是局域网）的管理更加方便和快捷。

（5）IPv6 具有更高的安全性。在使用 IPv6 的网络中，用户可以对网络层的数据进行加密并对 IP 报文进行校验。IPv6 中的加密与鉴别选项可保证分组的保密性及完整性，极大地增强了网络的安全性。

（6）IPv6 允许扩充。在新的技术或应用需要时，IPv6 允许对协议进行扩充。

（7）IPv6 使用了更好的头部格式。IPv6 使用了新的头部格式，其选项与基本头部分开，如果需要，可将选项插入基本头部与上层数据之间。这可简化和加速路由选择过程，因为大多数选项不需要由路由选择。

（8）IPv6 增加了新的选项。IPv6 增加了一些新的选项来实现附加的功能。

6.3.3　IPv6 地址生成

为了通过 IPv6 网络进行通信，各端口必须获取有效的 IPv6 地址，以下 3 种方式可以用来配置 IPv6 地址的端口 ID：一是网络管理员手动配置，二是通过系统软件生成，三是采用 IEEE 的扩展唯一标识符（EUI-64）标准生成。就实用性而言，IEEE EUI-64 标准是 IPv6 生成端口 ID 通常使用的方式。IEEE EUI-64 标准采用端口的 MAC 地址生成 IPv6 地址的端口 ID，如图 6.42 所示。MAC 地址只有 48 位，而端口 ID 却要求有 64 位。MAC 地址的前 24 位代表厂商 ID，后 24 位代表制造商分配的唯一扩展标识。MAC 地址的第 7 位是一个 U/L（Universal/Local，全局的/本地的）位，其值为 1 时表示 MAC 地址全局唯一，其值为 0 时表示 MAC 地址本地唯一。在 MAC 地址向 IEEE EUI-64 标准地址的转换过程中，在 MAC 地址的前 24 位和后 24 位之间插入了 16 位的 FFFE，并将 U/L 位的值从 0 变成了 1，这样就生成了一个 64 位的端口 ID，且端口 ID 的值全局唯一。端口 ID 和端口前缀一起组成了端口地址。

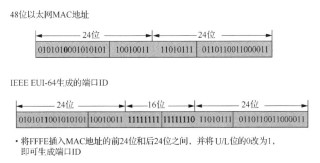

图 6.42　IEEE EUI-64 标准

6.3.4　配置 RIPng

下一代距离矢量路由协议（RIP for IPv6，RIPng）是为 IPv6 网络设计的。与早期的 IPv4 的 RIP 类似，RIPng 同样遵循距离矢量原则。RIPng 保留了 RIP 的多个主要特性，例如，RIPng 规定每一跳的开销度量值为 1，最大跳数为 15。RIPng 通过 UDP 的 521 端口发送和接收路由信息。

RIPng 与 RIP 最主要的区别在于，RIPng 使用 IPv6 组播地址 FF02::9 作为目的地址来传送路由更新报文，而 RIPv2 使用的是组播地址 224.0.0.9。IPv4 一般采用公网地址或私网地址作为路由条目的下一跳地址，而 IPv6 通常采用链路本地地址作为路由条目的下一跳地址。

（1）配置 RIPng，进行网络拓扑连接，相关端口与 IP 地址配置如图 6.43 所示。路由器 AR1 和路由器 AR2 的 LoopBack 1 端口使用的是全球单播地址。路由器 AR1 和路由器 AR2 的物理端口在使用 RIPng 传送路由信息时，路由条目的下一跳地址只能是链路本地地址。例如，如果路由器 AR1 收到的路由条目的下一跳地址为 2001::2/64，则路由器 AR1 会认为目的地址为 2026::1/64 的网络地址可达。

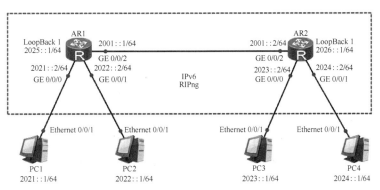

图 6.43　配置 RIPng

（2）配置主机 PC1 和主机 PC3 的 IPv6 地址等信息，如图 6.44 所示。

图 6.44　配置主机 PC1 和主机 PC3 的 IPv6 地址等信息

（3）配置路由器 AR1，相关实例代码如下。

```
<Huawei>system-view
Enter system view, return user view with Ctrl+Z.
[Huawei]sysname AR1
[AR1]ipv6                          // 启用 IPv6 功能，默认不启用该功能
[AR1]interface GigabitEthernet 0/0/0
[AR1-GigabitEthernet0/0/0]ipv6 enable
[AR1-GigabitEthernet0/0/0]ipv6 address 2021::2 64         // 配置 IPv6 地址
[AR1-GigabitEthernet0/0/0]ripng 1 enable                  // 配置 RIPng
[AR1-GigabitEthernet0/0/1]quit
[AR1]interface GigabitEthernet 0/0/1
[AR1-GigabitEthernet0/0/1]ipv6  enable
[AR1-GigabitEthernet0/0/1]ipv6 address 2022::2 64         // 配置 IPv6 地址
[AR1-GigabitEthernet0/0/1]ripng 1 enable                  // 配置 RIPng
[AR1-GigabitEthernet0/0/1]quit
[AR1]interface GigabitEthernet 0/0/2
[AR1-GigabitEthernet0/0/2]ipv6  enable
[AR1-GigabitEthernet0/0/2]ipv6 address 2001::1 64         // 配置 IPv6 地址
[AR1-GigabitEthernet0/0/2]ripng 1 enable                  // 配置 RIPng
[AR1-GigabitEthernet0/0/2]quit
[AR1]interface LoopBack1
[AR1-LoopBack1]ipv6 enable
[AR1-LoopBack1]ipv6 address 2025::1 64
[AR1-LoopBack1]ripng 1 enable
[AR1-LoopBack1]quit
[AR1]
```

ipv6 enable 命令用来在路由器端口上启用 IPv6，使得端口能够接收和转发 IPv6 报文。端口的 IPv6 功能默认是未启用的。

ipv6 address auto link-local 命令用来为端口配置自动生成的链路本地地址。

ripng process-id enable 命令用来启用一个端口的 RIPng。其中，process-id 可以是 1 ～ 65535 的任意值。默认情况下，端口上未启用 RIPng。

（4）配置路由器 AR2，相关实例代码如下。

```
<Huawei>system-view
Enter system view, return user view with Ctrl+Z.
[Huawei]sysname AR2
[AR2]ipv6                           // 启用 IPv6 功能，默认不启用该功能
[AR2]interface GigabitEthernet 0/0/0
[AR2-GigabitEthernet0/0/0]ipv6 enable
[AR2-GigabitEthernet0/0/0]ipv6 address 2023::2 64      // 配置 IPv6 地址
[AR2-GigabitEthernet0/0/0]ripng 1 enable               // 配置 RIPng
[AR2-GigabitEthernet0/0/1]quit
[AR2]interface GigabitEthernet 0/0/1
[AR2-GigabitEthernet0/0/1]ipv6  enable
[AR2-GigabitEthernet0/0/1]ipv6 address 2024::2 64      // 配置 IPv6 地址
[AR2-GigabitEthernet0/0/1]ripng 1 enable               // 配置 RIPng
[AR2-GigabitEthernet0/0/1]quit
[AR2]interface GigabitEthernet 0/0/2
[AR2-GigabitEthernet0/0/2]ipv6  enable
[AR2-GigabitEthernet0/0/2]ipv6 address 2001::2 64      // 配置 IPv6 地址
[AR2-GigabitEthernet0/0/2]ripng 1 enable               // 配置 RIPng
[AR2-GigabitEthernet0/0/2]quit
[AR2]interface LoopBack1
[AR2-LoopBack1]ipv6 enable
[AR2-LoopBack1]ipv6 address 2026::1 64
[AR2-LoopBack1]ripng 1 enable
[AR2-LoopBack1]quit
[AR2]
```

（5）显示路由器 AR1、AR2 的配置信息。以路由器 AR1 为例，主要相关实例代码如下。

```
<AR1>display current-configuration
#
sysname AR1
#
ipv6
#
interface GigabitEthernet0/0/0
  ipv6 enable
  ipv6 address 2021::2/64
ripng 1 enable
#
interface GigabitEthernet0/0/1
  ipv6 enable
  ipv6 address 2022::2/64
ripng 1 enable
#
interface GigabitEthernet0/0/2
  ipv6 enable
  ipv6 address 2001::1/64
ripng 1 enable
#
interface LoopBack1
  ipv6 enable
  ipv6 address 2025::1/64
#
ripng 1
#
```

```
user-interface con 0
   authentication-mode password
user-interface vty 0 4
user-interface vty 16 20
#
wlan ac
#
return
<AR1>
```

（6）显示路由器 AR1、AR2 的 RIPng 路由信息。以路由器 AR1 为例，如图 6.45 所示。

使用 display ripng 命令，可以查看 RIPng 进程实例及相应实例的相关参数和统计信息。从图 6.45 中可以看出，RIPng 的优先级是 100，路由信息的更新周期是 30s；"Number of routes in database"字段显示为 5，表明 RIPng 数据库中路由的条数为 5；"Total number of routes in ADV DB is"字段显示为 5，表明 RIPng 正常工作并发送了 5 条路由更新信息。

（7）进行相关测试。主机 PC1 访问主机 PC3 和主机 PC4 的结果如图 6.46 所示。

图 6.45　显示路由器 AR1 的 RIPng 路由信息　　　图 6.46　主机 PC1 访问主机 PC3 和主机 PC4 的结果

6.3.5　配置 OSPFv3

配置 OSPFv3

OSPFv3 是运行在 IPv6 网络中的 OSPF 协议。运行 OSPFv3 的路由器使用物理端口的链路本地地址为源地址来发送 OSPF 报文。路由器将学习相同链路上与之相连的其他路由器的链路本地地址，并在报文转发的过程中将这些地址当作下一跳信息使用。IPv6 使用组播地址 FF02::5 表示 All Routers，而 OSPFv2 使用的是组播地址 224.0.0.5。需要注意的是，OSPFv3 和 OSPFv2 兼容。

路由器 ID 在 OSPFv3 中也是用于标识路由器的。与 OSPFv2 的路由器 ID 不同，OSPFv3

的路由器 ID 必须手动配置，如果没有手动配置路由器 ID，则 OSPFv3 将无法正常运行。OSPFv3 在广播或 NBMA 网络中选择 DR 和 BDR 的过程与 OSPFv2 相似。

OSPFv3 是基于链路而不是网段的。在配置 OSPFv3 时，不需要考虑路由器的端口是否配置在同一网段，只要路由器的端口连接在同一链路上，就可以不配置 IPv6 全局地址而直接建立联系。这一变化影响了 OSPFv3 协议报文的接收、Hello 报文的内容及网络 LSA 的内容。

OSPFv3 直接使用 IPv6 的扩展头部（认证头和封装安全载荷头）来实现认证及安全处理，不再需要自身来完成认证。

（1）配置 OSPFv3，进行网络拓扑连接，相关端口与 IP 地址配置如图 6.47 所示。

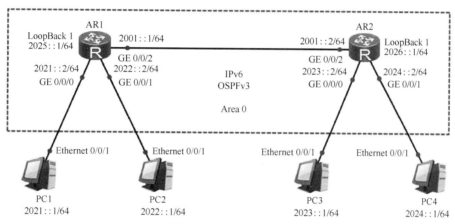

图 6.47　配置 OSPFv3

（2）配置主机 PC2 和主机 PC4 的 IPv6 地址等信息，如图 6.48 所示。

图 6.48　配置主机 PC2 和主机 PC4 的 IPv6 地址等信息

（3）配置路由器 AR1，相关实例代码如下。

```
<Huawei>system-view
Enter system view, return user view with Ctrl+Z.
[Huawei]sysname AR1
[AR1]ipv6
[AR1]ospfv3
[AR1-ospfv3-1]router-id 1.1.1.1                      // 必须配置路由器 ID, 否则无法通信
[AR1-ospfv3-1]quit
[AR1]interface GigabitEthernet 0/0/0
[AR1-GigabitEthernet0/0/0]ipv6 enable
[AR1-GigabitEthernet0/0/0]ipv6 address 2021::2 64
[AR1-GigabitEthernet0/0/0]ospfv3 1 area 0            // 配置 OSPFv3
[AR1-GigabitEthernet0/0/0]quit
[AR1]interface GigabitEthernet 0/0/1
[AR1-GigabitEthernet0/0/1]ipv6 enable
[AR1-GigabitEthernet0/0/1]ipv6 address 2022::2 64
[AR1-GigabitEthernet0/0/1]ospfv3 1 area 0
[AR1-GigabitEthernet0/0/1]quit
[AR1]interface GigabitEthernet 0/0/2
[AR1-GigabitEthernet0/0/2]ipv6 enable
[AR1-GigabitEthernet0/0/2]ipv6 address 2001::1 64
[AR1-GigabitEthernet0/0/2]ospfv3 1 area 0
[AR1]interface LoopBack 1
[AR1-LoopBack1]ipv6 enable
[AR1-LoopBack1]ipv6 address 2025::1 64
[AR1-LoopBack1]ospfv3 1 area 0
[AR1-LoopBack1]quit
[AR1]
```

（4）配置路由器 AR2，相关实例代码如下。

```
<Huawei>system-view
Enter system view, return user view with Ctrl+Z.
[Huawei]sysname AR2
[AR2]ipv6
[AR2]ospfv3
[AR2-ospfv3-1]router-id 2.2.2.2                      // 必须配置路由器 ID, 否则无法通信
[AR2-ospfv3-1]quit
[AR2]interface GigabitEthernet 0/0/0
[AR2-GigabitEthernet0/0/0]ipv6 enable
[AR2-GigabitEthernet0/0/0]ipv6 address 2023::2 64
[AR2-GigabitEthernet0/0/0]ospfv3 1 area 0
[AR2-GigabitEthernet0/0/0]quit
[AR2]interface GigabitEthernet 0/0/1
[AR2-GigabitEthernet0/0/1]ipv6 enable
[AR2-GigabitEthernet0/0/1]ipv6 address 2024::2 64
[AR2-GigabitEthernet0/0/1]ospfv3 1 area 0
[AR2-GigabitEthernet0/0/1]quit
[AR2]interface GigabitEthernet 0/0/2
[AR2-GigabitEthernet0/0/2]ipv6 enable
[AR2-GigabitEthernet0/0/2]ipv6 address 2001::2 64
[AR2-GigabitEthernet0/0/2]ospfv3 1 area 0
[AR2]interface LoopBack 1
[AR2-LoopBack1]ipv6 enable
[AR2-LoopBack1]ipv6 address 2026::1 64
[AR2-LoopBack1]ospfv3 1 area 0
[AR2-LoopBack1]quit
[AR2]
```

（5）显示路由器 AR1、AR2 的配置信息。以路由器 AR1 为例，主要相关实例代码如下。

```
<AR1>display current-configuration
#
sysname AR1
#
ipv6
#
ospfv3 1
   router-id 1.1.1.1
#
interface GigabitEthernet0/0/0
   ipv6 enable
   ipv6 address 2021::2/64
ospfv3 1 area 0.0.0.0
#
interface GigabitEthernet0/0/1
   ipv6 enable
   ipv6 address 2022::2/64
ospfv3 1 area 0.0.0.0
#
interface GigabitEthernet0/0/2
   ipv6 enable
   ipv6 address 2001::1/64
ospfv3 1 area 0.0.0.0
#
interface NULL0
#
interfaceLoopBack1
   ipv6 enable
   ipv6 address 2025::1/64
ospfv3 1 area 0.0.0.0
#
return
<AR1>
```

（6）显示路由器 AR1、路由器 AR2 的 OSPFv3 路由信息。以路由器 AR1 为例，其路由信息如图 6.49 所示。

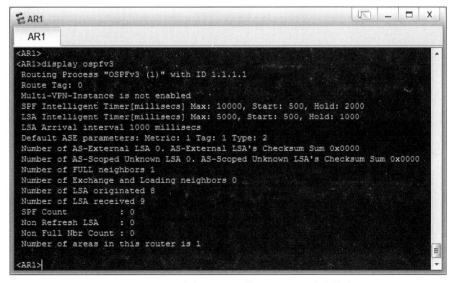

图 6.49　显示路由器 AR1 的 OSPFv3 路由信息

在邻居路由器上完成 OSPFv3 配置后，使用 display ospfv3 命令可以验证 OSPFv3 配置及查看相关参数。从图 6.49 中可以看到正在运行的 OSPFv3 进程为 1，Router ID 为 1.1.1.1，"Number of FULL neighbors"字段的值为 1。

（7）进行相关测试。主机 PC2 访问主机 PC3 和主机 PC4 的结果如图 6.50 所示。

图 6.50　主机 PC2 访问主机 PC3 和主机 PC4 的结果

任务 6.4　配置 DHCP 服务器

任务陈述

小李是公司的网络工程师。公司业务不断发展，越来越离不开网络，同时公司新设了不同的部门，公司的员工越来越多。为了方便管理与使用网络，公司决定使用 DHCP 服务器来为公司的员工自动分配网络 IP 地址。小李根据公司的要求制作了一份合理的网络实施方案，他该如何完成网络设备的相应配置呢？

知识准备

动态主机配置协议（DHCP）是一种应用层协议。当人们将用户主机 IP 地址的获取方式设置为动态获取时，DHCP 服务器就会根据 DHCP 给客户端设备分配 IP 地址，使得客户端能够利用相应 IP 地址上网。

DHCP 使用 UDP 的 67、68 号端口进行通信，从 DHCP 客户端到达 DHCP 服务器的报文使用的目的端口号为 67，从 DHCP 服务器到达 DHCP 客户端的报文使用的源端口号为 68。DHCP 工作过程如下：DHCP 客户端以广播的形式发送一个 DHCP 的 Discover 报文，用来发现 DHCP 服务器；DHCP 服务器接收到 DHCP 客户端发送来的 Discover 报文之后，单播一个 Offer 报文来回复 DHCP 客户端，Offer 报文中包含 IP 地址和租约信息；DHCP 客户端收到 DHCP 服务器发送的 Offer 报文之后，以广播的形式向 DHCP 服务器发送 Request 报文，用来请求 DHCP 服务器将相应 IP 地址分配给它（DHCP 客户端之所以以广播的形式发送报文是为了通知其他 DHCP 服务器，它已经接收某个 DHCP 服务器的信息，不再接收其他 DHCP 服务器的信息）；DHCP 服务器接收到 Request 报文后，以单播的形式发送 ACK 报文给 DHCP 客户端，如图 6.51 所示。

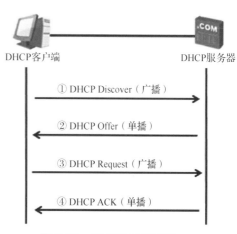

图 6.51　DHCP 工作过程

DHCP 租约期更新：当 DHCP 客户端的租约期剩余 50% 时，该 DHCP 客户端会向 DHCP 服务器单播一个 Request 报文，请求续约；DHCP 服务器接收到 Request 报文后，会单播 ACK 报文表示延长租约期。

DHCP 重绑定：如果 DHCP 客户端的剩余租约期超过 50% 且原先的 DHCP 服务器并没有同意客户端续约 IP 地址，那么当 DHCP 客户端的租约期只剩下 12.5% 时，其会向网络中其他的 DHCP 服务器发送 Request 报文，请求续约；如果其他 DHCP 服务器有关于该客户端当前的 IP 地址信息，则单播一个 ACK 报文回复该客户端以续约，如果没有则回复一个 NAK 报文，此时该客户端会申请重新绑定 IP 地址。

DHCP IP 地址的释放：当 DHCP 客户端直到租约期满还没收到 DHCP 服务器的回复时，会停止使用相应 IP 地址；当 DHCP 客户端租约期未满却不想使用 DHCP 服务器提供的 IP 地址时，会发送一个 Release 报文，告知 DHCP 服务器清除相关的租约信息，释放相应 IP 地址。

 任务实施

DHCP 服务器的地址池有两种：一种是全局地址池，另一种是端口地址池。在交换机 LSW1 上配置 DHCP 服务器 A，使之为 VLAN 10 和 VLAN 20 的主机分配 IP 地址，使用全局地址池；在交换机 LSW2 上配置 DHCP 服务器 B，使之为 VLAN 30 和 VLAN 40 的主机分配 IP 地址，使用端口地址池。相关端口与 IP 地址配置如图 6.52 所示。

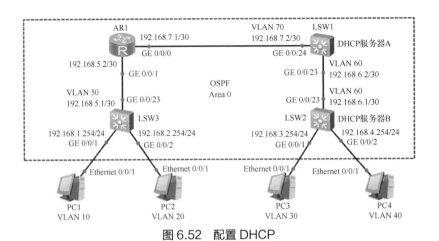

图 6.52 配置 DHCP

（1）配置主机 PC1 和主机 PC3，选中"DHCP"单选按钮，如图 6.53 所示。

图 6.53 配置主机 PC1 和主机 PC3

（2）配置路由器 AR1，相关实例代码如下。

```
<Huawei> system-view
Enter system view, return user view with Ctrl+Z.
[Huawei]sysname AR1
[AR1]dhcp enable                                              // 启用 DHCP 模式
[AR1]interface GigabitEthernet 0/0/0
[AR1-GigabitEthernet0/0/0]ip address 192.168.7.1 30
[AR1-GigabitEthernet0/0/0]dhcp select relay                   //DHCP 代理服务器
[AR1-GigabitEthernet0/0/0]dhcp relay server-ip 192.168.7.2    // 配置 DHCP 服务器 IP 地址
[AR1-GigabitEthernet0/0/0]quit
[AR1]interface GigabitEthernet 0/0/1
[AR1-GigabitEthernet0/0/1]ip address 192.168.5.2 30
[AR1-GigabitEthernet0/0/1]quit
[AR1]router id 1.1.1.1
[AR1]ospf 1
[AR1-ospf-1]area 0
[AR1-ospf-1-area-0.0.0.0]network 192.168.7.0 0.0.0.3          // 通告路由
[AR1-ospf-1-area-0.0.0.0]network 192.168.5.0 0.0.0.3          // 通告路由
[AR1-ospf-1-area-0.0.0.0]quit
[AR1-ospf-1]quit
[AR1]
```

（3）显示路由器 AR1 的配置信息，主要相关实例代码如下。

```
<AR1>display current-configuration
#
sysname AR1
#
router id 1.1.1.1
#
dhcp enable
#
interface GigabitEthernet0/0/0
   ip address 192.168.7.1 255.255.255.252
dhcp select relay
dhcp relay server-ip 192.168.7.2
#
interface GigabitEthernet0/0/1
   ip address 192.168.5.2 255.255.255.252
#
ospf 1
   area 0.0.0.0
     network 192.168.5.0 0.0.0.3
     network 192.168.7.0 0.0.0.3
#
return
<AR1>
```

（4）配置交换机 LSW1，相关实例代码如下。

```
<Huawei> system-view
[Huawei]sysname LSW1
[LSW1]vlan batch 60 70
[LSW1]dhcp enable
[LSW1]ip pool vlan10                                              //设置地址池
[LSW1-ip-pool-vlan10]gateway-list 192.168.1.254                   //网关地址
[LSW1-ip-pool-vlan10]network 192.168.1.0 mask 255.255.255.0       //通告分配网段
[LSW1-ip-pool-vlan10]excluded-ip-address 192.168.1.250 192.168.1.253  //不分配的IP地址
[LSW1-ip-pool-vlan10]dns-list 8.8.8.8                             //设置DNS服务器
[LSW1-ip-pool-vlan10]lease day 7                                  //设置租约期为7天
[LSW1-ip-pool-vlan10]quit
[LSW1]ip pool vlan20                                              //设置地址池
[LSW1-ip-pool-vlan20]gateway-list 192.168.2.254                   //网关IP地址
[LSW1-ip-pool-vlan20]network 192.168.2.0 mask 255.255.255.0       //通告分配网段
[LSW1-ip-pool-vlan20]excluded-ip-address 192.168.2.250 192.168.2.253  //不分配的IP地址
[LSW1-ip-pool-vlan20]dns-list 8.8.8.8                             //设置DNS服务器
[LSW1-ip-pool-vlan20]lease day 7                                  //设置租约期为7天
[LSW1-ip-pool-vlan20]quit
[LSW1]interface GigabitEthernet 0/0/23
[LSW1-GigabitEthernet0/0/23]port link-type access
[LSW1-GigabitEthernet0/0/23]port default vlan 60
[LSW1]interface GigabitEthernet 0/0/24
[LSW1-GigabitEthernet0/0/24]port link-type access
[LSW1-GigabitEthernet0/0/24]port default vlan 70
[LSW1]interface Vlanif60
[LSW1-Vlanif60]ip address 192.168.6.2 30
[LSW1-Vlanif60]quit
[LSW1]interface Vlanif 70
[LSW1-Vlanif70]ip address 192.168.7.2 30          //配置DHCP服务器，必须为连接端口
[LSW1-Vlanif70]dhcp select global                 //选择DHCP全局模式
[LSW1-Vlanif70]quit
[LSW1]router id 2.2.2.2
[LSW1]ospf 1
[LSW1-ospf-1]area 0
```

```
[LSW1-ospf-1-area-0.0.0.0]network 192.168.6.0 0.0.0.3        //通告路由
[LSW1-ospf-1-area-0.0.0.0]network 192.168.7.0 0.0.0.3        //通告路由
[LSW1-ospf-1-area-0.0.0.0]quit
[LSW1-ospf-1]quit
[LSW1]
```

(5) 显示交换机 LSW1 的配置信息，主要相关实例代码如下。

```
<LSW1>display current-configuration
#
sysname LSW1
#
router id 2.2.2.2
#
vlan batch 60 70
#
dhcp enable
#
ip pool vlan10
gateway-list 192.168.1.254
   network 192.168.1.0 mask 255.255.255.0
   excluded-ip-address 192.168.1.250 192.168.1.253
   lease day 7 hour 0 minute 0
   dns-list 8.8.8.8
#
ip pool vlan20
gateway-list 192.168.2.254
   network 192.168.2.0 mask 255.255.255.0
   excluded-ip-address 192.168.2.250 192.168.2.253
   lease day 7 hour 0 minute 0
   dns-list 8.8.8.8
#
interface Vlanif60
   ip address 192.168.6.2 255.255.255.252
#
interface Vlanif70
   ip address 192.168.7.2 255.255.255.252
dhcp select global
#
interface GigabitEthernet0/0/23
   port link-type access
   port default vlan 60
#
interface GigabitEthernet0/0/24
   port link-type access
   port default vlan 70
#
interface NULL0
#
interface LoopBack1
   ip address 2.2.2.2 255.255.255.255
#
ospf 1
   area 0.0.0.0
    network 192.168.6.0 0.0.0.3
    network 192.168.7.0 0.0.0.3
#
user-interface con 0
user-interfacevty 0 4
#
return
<LSW1>
```

（6）配置交换机 LSW2，相关实例代码如下。

```
<Huawei>system-view
[Huawei]sysname LSW2
[LSW2]vlan batch 30 40 60
[LSW2]dhcp enable
[LSW2]interface GigabitEthernet 0/0/1
[LSW2-GigabitEthernet0/0/1]port link-type access
[LSW2-GigabitEthernet0/0/1]port default vlan 30
[LSW2-GigabitEthernet0/0/1]quit
[LSW2]interface GigabitEthernet 0/0/2
[LSW2-GigabitEthernet0/0/2]port link-type access
[LSW2-GigabitEthernet0/0/2]port default vlan 40
[LSW2-GigabitEthernet0/0/2]quit
[LSW2]interface GigabitEthernet 0/0/23
[LSW2-GigabitEthernet0/0/23]port link-type access
[LSW2-GigabitEthernet0/0/23]port default vlan 60
[LSW2-GigabitEthernet0/0/23]quit
[LSW2]interface Vlanif 30
[LSW2-Vlanif30]ip address 192.168.3.254 24
[LSW2-Vlanif30]dhcp select interface                    //配置DHCP服务器、端口地址池
[LSW2-Vlanif30]dhcp server excluded-ip-address 192.168.3.250 192.168.3.253
[LSW2-Vlanif30]dhcp server lease day 7                  //设置租约期为7天
[LSW2-Vlanif30]dhcp server dns-list 8.8.8.8             //配置DNS服务器IP地址
[LSW2-Vlanif30]quit
[LSW2]interface Vlanif 40
[LSW2-Vlanif40]ip address 192.168.4.254 24
[LSW2-Vlanif40]dhcp select interface                    //配置DHCP服务器、端口地址池
[LSW2-Vlanif40]dhcp server excluded-ip-address 192.168.4.250 192.168.4.253
[LSW2-Vlanif40]dhcp server lease day 7                  //设置租约期为7天
[LSW2-Vlanif40]dhcp server dns-list 8.8.8.8             //配置DNS服务器IP地址
[LSW2-Vlanif40]quit
[LSW2]interface Vlanif 60
[LSW2-Vlanif60]ip address 192.168.6.1 30
[LSW2-Vlanif60]quit
[LSW2]router id 3.3.3.3
[LSW2]ospf 1
[LSW2-ospf-1]area 0
[LSW2-ospf-1-area-0.0.0.0]network 192.168.3.0 0.0.0.255   //通告路由
[LSW2-ospf-1-area-0.0.0.0]network 192.168.4.0 0.0.0.255   //通告路由
[LSW2-ospf-1-area-0.0.0.0]network 192.168.6.0 0.0.0.3     //通告路由
[LSW2-ospf-1-area-0.0.0.0]quit
[LSW2-ospf-1]quit
[LSW2]
```

（7）显示交换机 LSW2 的配置信息，主要相关实例代码如下。

```
<LSW2>display current-configuration
#
sysname LSW2
#
router id 3.3.3.3
#
vlan batch 30 40 60
#
dhcp enable
#
interface Vlanif30
 ip address 192.168.3.254 255.255.255.0
dhcp select interface
dhcp server excluded-ip-address 192.168.3.250 192.168.3.253
dhcp server lease day 7 hour 0 minute 0
```

```
dhcp server dns-list 8.8.8.8
#
interface Vlanif40
   ip address 192.168.4.254 255.255.255.0
   dhcp select interface
   dhcp server excluded-ip-address 192.168.4.250 192.168.4.253
   dhcp server lease day 7 hour 0 minute 0
   dhcp server dns-list 8.8.8.8
#
interface Vlanif60
   ip address 192.168.6.1 255.255.255.252
#
interface MEth0/0/1
#
interface GigabitEthernet0/0/1
   port link-type access
   port default vlan 30
#
interface GigabitEthernet0/0/2
   port link-type access
   port default vlan 40
#
interface GigabitEthernet0/0/23
   port link-type access
   port default vlan 60
#
ospf 1
   area 0.0.0.0
      network 192.168.3.0 0.0.0.255
      network 192.168.4.0 0.0.0.255
      network 192.168.6.0 0.0.0.3
#
user-interface con 0
user-interface vty 0 4
#
return
<LSW2>
```

（8）配置交换机LSW3，相关实例代码如下。

```
<Huawei>system-view
[Huawei]sysname LSW3
[LSW3]vlan batch 10 20 50
[LSW3]dhcp enable
[LSW3]interface GigabitEthernet 0/0/1
[LSW3-GigabitEthernet0/0/1]port link-type access
[LSW3-GigabitEthernet0/0/1]port default vlan 10
[LSW3]interface GigabitEthernet 0/0/2
[LSW3-GigabitEthernet0/0/2]port link-type access
[LSW3-GigabitEthernet0/0/2]port default vlan 20
[LSW3-GigabitEthernet0/0/2]quit
[LSW3]interface GigabitEthernet 0/0/23
[LSW3-GigabitEthernet0/0/23]port link-type access
[LSW3-GigabitEthernet0/0/23]port default vlan 50
[LSW3]interface Vlanif 10
[LSW3-Vlanif10]ip address 192.168.1.254 24
[LSW3-Vlanif10]dhcp select relay
[LSW3-Vlanif10]dhcp relay server-ip 192.168.7.2
[LSW3-Vlanif10]quit
[LSW3]interface Vlanif 20
[LSW3-Vlanif20]ip address 192.168.2.254 24
[LSW3-Vlanif20]dhcp select relay
```

```
[LSW3-Vlanif20]dhcp relay server-ip 192.168.7.2
[LSW3-Vlanif20]quit
[LSW3]interface Vlanif 50
[LSW3-Vlanif50]ip address 192.168.5.1 30
[LSW3-Vlanif50]quit
[LSW3]router id 4.4.4.4
[LSW3]ospf 1
[LSW3-ospf-1]area 0
[LSW3-ospf-1-area-0.0.0.0]network 192.168.1.0 0.0.0.255        //通告路由
[LSW3-ospf-1-area-0.0.0.0]network 192.168.2.0 0.0.0.255        //通告路由
[LSW3-ospf-1-area-0.0.0.0]network 192.168.5.0 0.0.0.3          //通告路由
[LSW3-ospf-1-area-0.0.0.0]quit
[LSW3-ospf-1]quit
[LSW3]
```

（9）显示交换机 LSW3 的配置信息，主要相关实例代码如下。

```
<LSW3>display current-configuration
#
sysname LSW3
#
router id 4.4.4.4
#
vlan batch 10 20 50
#
dhcp enable
#
interface Vlanif10
   ip address 192.168.1.254 255.255.255.0
dhcp select relay
dhcp relay server-ip 192.168.7.2
#
interface Vlanif20
   ip address 192.168.2.254 255.255.255.0
dhcp select relay
dhcp relay server-ip 192.168.7.2
#
interface Vlanif50
   ip address 192.168.5.1 255.255.255.252
#
interface MEth0/0/1
#
interface GigabitEthernet0/0/1
   port link-type access
   port default vlan 10
#
interface GigabitEthernet0/0/2
   port link-type access
   port default vlan 20
#
interface GigabitEthernet0/0/23
   port link-type access
   port default vlan 50
#
interface LoopBack1
   ip address 4.4.4.4 255.255.255.255
#
ospf 1
   area 0.0.0.0
    network 192.168.1.0 0.0.0.255
    network 192.168.2.0 0.0.0.255
    network 192.168.5.0 0.0.0.3
```

```
#
user-interface con 0
user-interface vty 0 4
#
return
<LSW3>
```

（10）显示交换机 LSW1 地址池的配置信息，如图 6.54 所示。

（11）显示交换机 LSW2 地址池的配置信息，如图 6.55 所示。

图 6.54　显示交换机 LSW1 地址池的配置信息　　　图 6.55　显示交换机 LSW2 地址池的配置信息

（12）显示主机 PC1 的 IP 地址配置信息，这里使用了 ipconfig 命令，如图 6.56 所示。

图 6.56　显示主机 PC1 的 IP 地址配置信息

（13）显示主机 PC3 的 IP 地址配置信息，这里使用了 ipconfig 命令，如图 6.57 所示。

图 6.57　显示主机 PC3 的 IP 地址配置信息

（14）进行相关测试。主机 PC1 访问主机 PC3 的结果如图 6.58 所示。

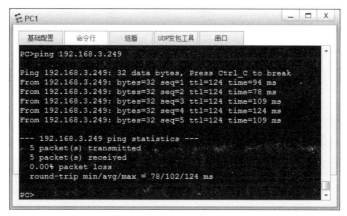

图 6.58　主机 PC1 访问主机 PC3 的结果

1. 选择题

（1）某公司要维护自己公共的 Web 服务器，需要隐藏 Web 服务器的地址信息，应该为该 Web 服务器配置（　　）。

　　A. 静态 NAT　　　　　B. 动态 NAT　　　　　C. PAT　　　　　D. 无须配置 NAT

（2）将内部地址的多台主机映射成一个 IP 地址的是（　　）。

　　A. 静态 NAT　　　　　B. 动态 NAT　　　　　C. PAT　　　　　D. 无须配置 NAT

（3）PAP 模式需要交互（　　）次报文。

　　A. 1　　　　　　　　B. 2　　　　　　　　C. 3　　　　　　　　D. 4

（4）CHAP 模式需要交互（　　）次报文。

　　A. 1　　　　　　　　B. 2　　　　　　　　C. 3　　　　　　　　D. 4

（5）DHCP 客户端请求 IP 地址时，并不知道 DHCP 服务器的位置，因此 DHCP 客户端会在本地网络内以（　　）方式发送请求报文。

　　A. 单播　　　　　　　B. 组播　　　　　　　C. 任播　　　　　　　D. 广播

（6）DHCP 服务器收到 Discover 报文后，会在所配置的 IP 地址池中查找一个合适的 IP 地址，加上相应的租约期和其他配置信息（如网关、DNS 服务器地址等），形成一个 Offer 报文，以（　　）方式发送报文给 DHCP 客户端，告知用户本服务器可以为其提供 IP 地址。

　　A. 单播　　　　　　　B. 组播　　　　　　　C. 任播　　　　　　　D. 广播

（7）IPv6 地址空间大小为（　　）位。

　　A. 32　　　　　　　　B. 64　　　　　　　　C. 128　　　　　　　D. 256

（8）对于 IPv6 地址 2001:0000:0000:0001:0000:0000:0010:0010，可使用 0 位压缩表示法将其表示为（　　）。

A. 2001::1::1:1　　　　　　　　　　　B. 2001::1:0:0:1:1

C. 2001::1:0:0:10:10　　　　　　　　 D. 2001::1:0:0:1:1

（9）下列不是 IPv6 地址类型的是（　　）。

A. 单播地址　　　B. 组播地址　　　C. 任播地址　　　D. 广播地址

（10）下列是 IPv6 组播地址的是（　　）。

A. ::/128　　　　B. FF02::1　　　　C. 2001::/64　　　D. 3000::/64

2. 简答题

（1）简述常见的广域网接入技术。

（2）简述静态 NAT 和动态 NAT 的工作原理及应用环境。

（3）简述 PAT 的工作原理及配置过程。

（4）简述 DHCP 的工作原理。